顿悟

精装典藏版

洒脱的智慧

吴国明 编著

时事出版社
北京

图书在版编目（CIP）数据

顿悟：洒脱的智慧 / 吴国明编著 . —北京：时事出版社，2021.2
ISBN 978-7-5195-0398-7

Ⅰ.①顿… Ⅱ.①吴… Ⅲ.①人生哲学 – 通俗读物
Ⅳ.① B821-49

中国版本图书馆 CIP 数据核字（2021）第 003164 号

出 版 发 行：时事出版社
地　　　址：北京市海淀区万寿寺甲 2 号
邮　　　编：100081
发 行 热 线：（010）88547590　　88547591
读者服务部：（010）88547595
传　　　真：（010）88547592
电 子 邮 箱：shishichubanshe@sina.com
网　　　址：www.shishishe.com
印　　　刷：大厂回族自治县德诚印务有限公司

开本：880×1230　1/32　印张：8　字数：140 千字
2021 年 2 月第 1 版　2021 年 2 月第 1 次印刷
定价：48.00 元
（如有印装质量问题，请与本社发行部联系调换）

前 言

古往今来，无人不喜欢洒脱，可真正能做到者少之又少。

洒脱，意味着安住当下，不罔顾过去，不贪恋未来，对目之所及的人事全心全意地投入和体验；洒脱，意味着心存慈悲，能以同理之心揣度他人，能以包容之心面对缺憾，能以接纳之心对待自己；洒脱，意味着智慧行事，对于挫折困顿波澜不惊，得失利弊面前淡定从容，即使生活不尽如人意，也能活出味道与情致；洒脱，意味着快意人生，不计较他人评价，只活出自己喜欢的样子，不心生抑郁，以积极的心态面对人生。

生命对所有人来说同样的宝贵且短暂，与其活得计较，不如学着洒脱。对此顿悟的人心意畅达，反之，则心生困局。命运给予你哭的境遇，也给了你笑的权利；它会剥夺你一些东西，同样也会给予你更多的馈赠——看开它，你才能少一些偏执，多一些旷达。人生的过程，或许苦涩，或许落寞，或许痛苦，无论它如何山穷水尽，我们都能从中发现生命的光——相信它，你就能少一些抱怨，多一些乐观。

做幸福的人，一池落花两样情；做慈悲的人，云在青天水在瓶；做智慧的人，行云流水是人生；做快活的人，拣尽韶华又是花。洒脱，是一种心理状态，更是一种生活智慧。

本书以温暖的说理与清新的语言，助你开启对美好的真正认知，让你在浮躁世界觅得初心，在每寸光阴里发现欣喜，在每个琐碎处发现幸福所在。

目录

——第一辑——
做幸福的人，一池落花两样情

第一章 静听生命，安住当下

001 人生没有"假如" / 003

002 立足当下，踩实人生的每一步 / 008

003 不必预支明天可能的烦恼 / 013

004 人生不能保存，别忘记享受当下的美好 / 017

005 对当下的一切，全心全意地接纳与体验 / 021

006 人生不必快进，等待也有别样意义 / 026

第二章 以爱之心，善待生命

001 用爱构建你的家庭 / 031

002 用爱心对待生命中的每一次遇见 / 036

003 懂得爱自己的人，才能遇见更多幸福 / 041

004 真正的友谊是贫贱相守、比肩而立 / 046

005 精神赡养才是最好的孝心 / 050

006 耐心做好孩子的听众 / 054

—— 第二辑 ——
做慈悲的人，云在青天水在瓶

第三章 把慈悲的力量，化为同理的心量

001 对每个人给予平等的尊重 / 063

002 少说一些"我"，多说一些"我们" / 067

003 乐于成人之美，也是一种美德 / 072

004 有理而不失礼，得理也要饶人 / 076

005 口下留情，脚下有路 / 081

006 用倾听表达你的尊重 / 086

第四章 接纳不完美的自己，包容不完满的人生

001 对必然之事，轻快地加以承受 / 091

002 用理性的方式面对他人的无理诽谤 / 097

003　敢于承认极限，不做力所不能及之事 / 101

004　最高级的接纳，是爱上不完美的自己 / 106

005　成熟的爱情观，从接受遗憾开始 / 112

006　错过，让你遇见人生别样的美丽 / 117

—— 第三辑 ——
做智慧的人，行云流水是人生

第五章　平静心灵，活出自在从容

001　心静，则世界安宁 / 123

002　凡事不必强求，学着顺其自然 / 127

003　保持一颗平常心，活出自在人生 / 131

004　控制自己的欲望，不贪得，不妄求 / 136

005　别忙于奔跑，去享受生命的过程 / 142

006　心不争，世界更加宽广 / 147

第六章　人生平凡，也要诗意栖居

001　感恩生命，活着就是一种幸福 / 150

002　让生活化繁为简，在简单中自得其乐 / 156

003 生活可以简陋，却不可以粗糙 / 161

004 平凡生活里的爱情最值得珍惜 / 166

005 从生活小事中获得快乐 / 172

006 无论处境多么艰辛，别忘了善待梦想 / 176

—— 第四辑 ——
做快活的人，拣尽韶华又是花

第七章　努力做自己，不必太计较

001 与人攀比，不如做好自己 / 183

002 别因模仿他人，而丢了真实的自己 / 188

003 释怀他人的评价，你的人生你做主 / 193

004 不必羡慕别人，自己亦是风景 / 197

005 演好自己的角色，生命就不会白费 / 202

006 相信自己：我就是最棒的 / 205

第八章　换一种心态，换一种人生

001 越积极的人越幸运 / 210

002 假装快乐，你就能真的快乐 / 217

003 抖出鞋底的小沙砾，别让小事坏了心情 / 222
004 学着在黑暗中寻找光明 / 227
005 借助幽默的力量排解痛苦 / 234
006 不钻牛角尖，人也舒坦，心也舒坦 / 239

第一辑 做幸福的人,一池落花两样情

生命的最高境界是什么?那应该是做一个幸福的人。幸福是什么?怎样才能幸福?其实,幸福没有绝对答案,关键在于我们对生活的态度。让身心住在当下,不虚度年华;感恩于人和人之间的友情、爱情和亲情,那么自然心暖到底,花开半夏。

第一章 静听生命，安住当下

过去是不可改变的历史，而将来又无法捉摸，我们唯一能把握的只有现在。放下对过去的牵挂，放下对未来的执着，在当下的每分每秒活得充实，让今天充满美和尊严，明日的我们何尝不会破茧成蝶？活在当下，聆听生命，便活出了幸福。

|001| 人生没有"假如"

人到一定年纪，总会怀念以前的一些事情，反思自己的人生，也会后悔当年干了什么、没干什么。我们常常听到类似这样的感慨：假如一切可以重新开始，我会做得很好；假如时光可以倒流，我会好好把握；假如再给我一次机会，我会尽力争取……我们太希望得到"假如"的垂青了，可是，这只不过是我们的一厢情愿而已。

人生是一次不能逆转的旅行，我们走的每一步都是现

顿悟
洒脱的智慧

场直播。所以，人生没有假如，很多东西过了这一村，也就不会再有那一店，不能挽回，只能继续前进。执着于"假如"，只会劳心费神，甚至可能导致更多更大的不幸。

话说回来，就算真有"假如"，我们的生命可以从头来过，那么当初选择另一个路口的我们，生活就会更加精彩，人生就会更加完美吗？未必！

《蝴蝶效应》是一部著名的美国电影，这部电影有一个精妙构思——男主角埃文具有穿梭时空的能力，这为他提供了可以反悔的机会，于是他决定回到过去修正已经发生过的事实。然而，埃文一次次跨越时空的更改，只能越来越招致现实世界的不可救药。一切就像蝴蝶效应一般，牵一发而动全身，出现了防不胜防的意外。他挽救了心爱女友凯丽的生命，却失手打死了凯丽的弟弟汤米，导致了自己的牢狱之灾；他回到了爆炸的那天，将靠近信箱的母子扑倒，自己却变成了失去双臂的残疾人，母亲因此染上了烟瘾，得了肺癌，而凯丽则成了别人的女友……

这部电影告诉我们，其实人生若真有"假如"，我们可以重新选择人生的话，结果也许并不如同我们所想象的那样美好。因为人生是不可能一成不变的，主客观形势都在不断变化，此时已不是彼时，此人也非彼人。

人生没有那么多"假如"，过去已经成为历史，你可以设法挽救以前所发生事情产生的后果，但不可能改变之前发生的事情，唯一的做法就是"不为打翻的牛奶哭泣"，爬起来拍拍身上的灰尘，重新走上人生新的旅途。

让我们分享一个故事吧，名字就叫《不为打翻的牛奶哭泣》。

戴尔·卡耐基事业刚刚起步的时候，在密苏里州举办了一个成年人教育班，并且陆续在各大城市开设了分部。由于没有经验又疏于财务管理，在他投入很多资金用于广告宣传、租房、日常的各种开销之后，他发现虽然这种成人教育班的社会反响很好，但自己一连数月的辛苦劳动竟没有挣到钱。

卡耐基为此很是烦恼，他不断地抱怨自己疏忽大意。这种状态维持了好长时间，他整日闷闷不乐，神情恍惚，无法进行刚刚开始的事业。后来他只好去找中学时代的生

顿悟
洒脱的智慧

理老师乔治·约翰逊，向他寻求心理上的帮助。

听完卡耐基的话之后，老师意味深长地说："是的，牛奶被打翻了，漏光了，怎么办？是看着被打翻的牛奶哭泣，还是去做点别的。记住被打翻的牛奶已是事实，没有可能再重新装回瓶子里，我们唯一能做的就是吸取教训，然后忘掉这些不愉快。"

老师的话如醍醐灌顶，使卡耐基的苦恼顿时消失，精神也为之振奋，他说："我拒不接受我遇到的这种不可改变的情况，我像个蠢蛋，不断做无谓的反抗，结果带来无眠的夜晚，我把自己整得很惨，终于我不得不接受我无法改变的事实，重新投入到热爱的事业中。"后来，卡耐基成为美国著名的企业家、教育家和演讲口才艺术家，被誉为"成人教育之父""20世纪最伟大的成功学大师"。

是啊，人生不可能总是一帆风顺，很多事情是经过之后才明白的，这就是成长的代价。我们与其沉浸在过去的抱怨、后悔中，用忧虑来毁灭自己的生活，不如吸取这次教训，然后便把它忘记，开始注意下一件事。对此，著名的作家刘墉也曾经说过："人生在世，我们可以转身，但不必回头。即使有一天发现自己错了,也应该转身,朝着对的方向大步向前,而不是一直回头埋怨自己的错误,陷在痛苦的泥潭里不能自拔。"

不要受过去的事情影响,着眼于现在和将来,不要去苛求什么,也不必去奢望什么,将"假如"改成"下一次":下一次我一定不会犯同样的错误,下一次我一定会做好……这样才能阻止这一次的事故继续重演下去。

请记住普希金所说的一句话:"这一切终将过去,都将变成亲切的回忆。这一切,只不过是黎明前的黑暗,是历史上的一页。虽然我们身处黑暗,但是黎明总要播撒光明,历史也要翻开新的一页。现在的一切都将过去,而未来是搁笔待写的空白,需要我们去填写。"

顿悟
洒脱的智慧

|002| 立足当下，踩实人生的每一步

西方有一则寓言：一个小男孩提着篮子去田里捡蘑菇，捡到一个后就想下一个可能比这个还大，于是丢弃了这个再去捡，但下一次捡到的反而比前一个更小。他当然不甘心，总想要捡到一个最大的，于是扔了再去捡。就这样，扔了又捡，捡了又扔，篮子里一直是空空的。

这种"捡蘑菇"的心境大多数人都经历过，我们常会有好高骛远的心态，不自觉地给自己戴上望远镜，盯着很多很远的目标，结果小事瞧不起、不愿做，而大事想做却做不来，或者轮不到做，最终一事无成，空有抱怨与羡慕。

殊不知，高远的目标是激励人心且十分美好的，虽然我们可以心向往之，但是最好的日子还是现在，身边比较清晰的、显而易见的事才是我们应该努力做好的。捡起脚下的"小蘑菇"，才能真正有机会获得远方的"大蘑菇"，实现对自己超越。

第一辑
做幸福的人，一池落花两样情

这个道理很简单，很多小目标汇集在一起就是一个大目标。实现一个大目标，实际上就是去做那些小事情，只有把小事情做好了，通过一点一滴的积累，才能最终实现大目标。古人云，"不积跬步，无以至千里；不积小流，无以成江海"，说的正是这个道理。

尹梦是一名音乐系的大三学生，她给自己制定了一个目标，就是做一名出色的音乐家，但是她在音乐方面的发展不顺遂，这使得她一会儿雄心万丈，一会儿随波逐流，想了许多办法都没有摆脱这种困扰。"唉，为什么我不能够成为音乐家？""成为一名音乐家就这么难吗？"尹梦将自己的迷茫倾诉给了大学老师。

"想象你五年后在做什么？"突然间老师冒出了一句话，"别急，你先仔细想想，完全想好，确定后再说出来。"

沉思了几分钟，尹梦回答道："五年后，我希望能有一张唱片在市场上发售，而这张唱片很受欢迎，可以得到许多人的肯定。"

"好，既然你确定了，我们就把这个目标倒算回来，"老师继续说道，"如果第五年你有一张唱片在面市，那么

顿悟
洒脱的智慧

你的第四年一定是要跟一家唱片公司签上合约；那么你的第三年一定是要有一个能够证明自己实力、说服唱片公司的完整作品；那么你的第二年一定要有很棒的作品开始录音了；那么你的第一年就一定要把你所有要准备录音的作品全部编好曲。所以，你第一年的工作就是在前半年筛选出准备录音的作品，在第一个月里要把手头的这几首曲子完工。那么，你的第一个星期就是要先列出整个清单，排出哪些曲子需要修改、哪些需要完工，对不对？"

"不要去看远处模糊的东西，而要动手做眼前清楚的事情。"老师意味深长地说。

听了老师的话，尹梦犹如醍醐灌顶，恍然大悟。自此，她脱离了那种虚无缥缈的期盼，接下来的一个星期她列出了整个清单，然后一步步开始实现自己的目标。

想一蹴而就，反而寸步难行，结果只会使自己失望，加深挫折感。要想成功，唯一的办法就是以立足的地方为起点，踏踏实实地走好脚下的每一步，不害怕困难和挫折，一步步缩短梦想与现实之间的距离。

踩实人生的每一步，一步一个脚印，听起来好像没有

> 第一辑
> 做幸福的人，一池落花两样情

冲天的气魄，没有轰动的声势，可细细琢磨一下：步履稳健，心里踏实，迎接明天的早晨就不会心虚，在不动声色中就能创造一个震撼人心的奇迹。

洛杉矶湖人队负责人以年薪120万美元聘请了一位教练，他们希望教练能够通过高明的训练方法，帮助队员们提升战绩。但是，教练来到球队之后，却没有什么独特的训练方法，而是对12名球员这样说道："我的训练方法和上任教练一样，但是我只有一个要求，你们可不可以每天罚篮进步一点点，传球进步一点点，抢断进步一点点，篮板进步一点点，远投进步一点点，每个方面都能进步一点点？"

天啊！这是什么训练方法，负责人在心里偷偷捏了一把汗。不过，很快他就改变了自己的态度，他不得不佩服起教练来。因为在新季度的比赛中，湖人队大败其他球队，勇夺NBA总冠军。对于自己的"战果"，教练总结说，因为12名球员每一天在5个技术环节中分别进步1%，所以一名球员进步5%，而全队进步了60%。这些天来，他们每天坚持进步一点点，可想而知他们的进步有多大……

顿悟
洒脱的智慧

　　积跬步以至千里,积小流以成江海。没有漫长的量的积累,怎么可能有质的飞跃?

　　每个人都希望生活如鱼得水,事业飞黄腾达,但没有谁会白白地送给我们这一切,只有靠我们自己的坚韧和努力去赢取才能实现。从眼前的一点一滴做起,每天一步一个脚印,厚积薄发,这应该成为我们的追求,也是值得我们一辈子去坚持的事。

|003| 不必预支明天可能的烦恼

现实生活中总有这样一些人,他们会情不自禁地为明天各种各样的事务忧虑不安,一串串的思绪在大脑中东飘西荡:"明天早上我能够准时醒来吗?""明天我生了重病怎么办?""明天我遭遇意外怎么办?"……殊不知,烦恼并不像存折上的钱,我们支出来一点就会少一点。明天的事情该来的还是会来,今天的忧虑并不能够改变明天的状况。如果我们总是为明天忧虑,除了徒增烦恼、压力重重之外,别无他获。

有这样一名医科专业的学生,临近毕业时他的生活中充满了忧虑:"毕业后我该做些什么事情?该到什么地方去?""我能找到工作吗?万一找不到,我怎样才能谋生?""我是不是该自己创业,那创业会不会很艰难?我能坚持下去吗?"……这些想法令他整天愁眉苦脸,寝食

> **顿悟**
> 洒脱的智慧

难安。

后来导师发现了这一问题，他找到这位学生，意味深长地说："清扫落叶是一件极为辛苦的差事，但是昨天扫得很干净的院子，明天还是会落叶满地，因为只要一起风树叶就会落下来！傻孩子，不管你今天用多大的力气，明天还是要扫明天的落叶。明天的事情明天再想，让自己轻松一些吧！"

也许很多人会说：人无远虑，必有近忧，为明天做计划是一种理智。是的，人是应该对明天有所计划，可是如果计划变成了对明天的忧虑，那就不是计划而是负担了，远虑也就成为了近忧。再形象一点地说，明天天有晴时，也有雨时，阳光灿烂的今天就开始整天打着雨伞，你说累不累？

"不雨花犹落，无风絮自飞"，大自然的消长、人生的境遇都是冥冥之中的安排，忧虑的心灵解不开明天的"千千结"，做好今天的事情又何须为明天忧心呢？我们不是超人，精力总是有限的，一天的忧虑一天担当就足够了，明天的事情明天做未尝不可。

第一辑
做幸福的人，一池落花两样情

更何况，对明天的大多数忧虑是毫无意义的，多数忧虑根本就不会发生。"世界上有99%的预期烦恼是不会发生的，它们很有可能只存在于自我的想象中"，这是"二战"时期美国作家布莱克伍德的一句名言，也是他的亲身经历。

布莱克伍德的生活开始是一帆风顺的，即使遇到一些烦心事，他也能从容不迫地应付。但是，1943年夏天因为战争的到来，各种担忧接二连三地向他袭来：他所办的商业学校因大多数男生应征入伍，学员招收不满而出现严重的财政危机；他的大儿子在军中服役，生死未卜；他的女儿马上要高中毕业了，上大学需要一大笔学费；他的家乡要修建机场，土地房产基本上属无偿征收，赔偿费只有市价的十分之一……

一天下午，布莱克伍德坐在办公室里为这些事烦恼，他把这些担忧一条条地写下来，冥思苦想却束手无策，最后只好把这张纸条放进抽屉。一年半之后的一天，在整理资料时，布莱克伍德无意中又发现了这张便条，而且这些担忧没有一项真正发生过：政府拨款培训退役军人，他的

顿悟
洒脱的智慧

学校很快便招满了学生;儿子毫发无损地回来了;在女儿将入大学之前,他找到了一份兼职稽查工作,为女儿筹足了学费;住房附近发现了油田,他的房子不再被征收……

最后,布莱克伍德得出了一个结论:"我以前也听人们谈起过,世界上绝大部分的烦恼都不会发生。对此我一直不太相信,直到我再看到自己这张"烦恼清单"时,我才完全信服!为了根本不会发生的情况饱受煎熬,真是人生的一大悲哀!"后来他据此还写了一本书——《99%的烦恼其实不会发生》。

"世界上有99%的预期烦恼是不会发生的",何必为无法预知的明天而眉头紧锁呢?何必因为尚未到来的明天让心灵蒙上阴翳呢?与其为明天忧虑,不如为今天努力;与其活在不可预知的明天,不如活好已知的今天。做好今天的事情,对生活心怀希望,就算所担忧的事情明天真的发生了,这种态度也会使事情朝着好的方向发展。

不必预支明天可能的烦恼,一天的忧虑一天担当就够。由此,也定能获得内心的平静,感受到生命中的幸福!

|004| 人生不能保存，别忘记享受当下的美好

"等到我买房子以后，我就买几件漂亮衣服，现在买有些太破费了"；

"等我最小的孩子结婚之后，我就可以松口气，来场国外旅行啦"；

"等我把这笔生意谈成之后，我会准备一顿美餐，好好犒劳自己"；

……

人们似乎都很愿意牺牲当下，去换取未知的等待；牺牲今生今世的辛苦钱和时间，去购买后世的安逸。然而，人生是由时间构成的，而时间是无法储存的。人生错过了，也就错过了，失去的便永远不再拥有。

从前有一个富翁，他家地窖里珍藏着很多酒，其中一坛品质上乘、历史悠久的被深埋于地下，这只有他知道。

顿悟
洒脱的智慧

总督登门拜访，富翁提醒自己："不，不能开启那坛酒，这酒不仅仅为一个总督启封。"国王来访，和他同进晚餐，但他想："国王不懂这坛酒的价值，喝这种酒过分奢侈了。"甚至在他儿子结婚那天，他还自忖道："不行，不能拿出这坛酒，要等待最重要的时刻才可以。"

随着时间的流逝，富翁地窖里的酒被喝了一坛又一坛，唯独那坛酒没有人动过。有一天富翁死了，下葬那天地窖里所有的酒坛都被搬了出来，除了那一坛陈年老酒，因为没有人知道它埋在哪儿。就这样，那坛酒永远被深埋在了地下，一年又一年，永远没有人能够品尝到它的醇香了……

人生中有些东西值得珍藏，但有时候及时消耗，反而比珍藏更有意义。譬如，一瓶好酒，和家人、朋友坐在一起品尝它，大家一起津津乐道地赞美它的醇香与美妙，远远要比把它独自藏起来的意义更深远。没有比在适当的时候去做适当的事情，更让人觉得幸福的了。等等，再等等，我们不知会因此错过生命中多少美好的东西，失去多少可能到手的幸福，想起来，都是一种遗憾。

第一辑
做幸福的人，一池落花两样情

一位 80 岁的老人写了一篇文章，她说：

在我的一生里，我必须是贴心的女儿、温柔的妻子、慈祥的母亲、勤劳的员工，我每天都在为这些事情忙碌，一刻也停不下来。直到现在，生命将灭，当我不得不停下来时，才深深地意识到，我还有很多事情没有做，有很多话来不及说，很多东西都还没有吃过……这实在是人生的失败和遗憾。

如果我能重活这一生，我要享有更多那样的时刻——每一刻、每一分、每一秒。如果一切能重来，我要做什么呢？我会在早春赤足到户外踏春，在深秋里买自己喜欢的呢大衣，我还要去游乐园坐几次旋转木马，多看几次日出，跟朋友们一起欢笑，只要人生能够重来。但是你知道，不能了……

的确，人生就像是一张支票，是有期限的。很多东西生不带来、死不带去，如果不在规定的期限内用尽，你将再也没有机会了。

俄罗斯著名钢琴家安东·鲁宾斯坦曾说："人生是不

顿悟
洒脱的智慧

能保存的,你一定要尽量享受它。要知道,没有爱和不能享受人生,生活就没有了任何的乐趣。"正如法国作家蒙田所言,享受人生是至高神圣的美德。亚历山大大帝在短短13年中,以其雄才大略东征西讨,建立了一番霸业。尽管如此,他也视享受生活乐趣为自己的正常活动,而把自己叱咤风云的战争生涯看作非正常活动。

人生苦短,不要想得太多,想做就做,想吃就吃,想爱就爱,学会及时采撷生命意义的花朵,及时享受身边的美好事物吧!这样,我们就会备感生活的美妙和生命的宝贵。在有生之年,我们可以很满足地对所有人说:我努力过,我也享受过,我的人生没有缺憾。

|005| 对当下的一切，全心全意地接纳与体验

笔者曾经读过这样一个故事，颇有感触。

一位哲人旅行时途经一座古城的废墟，岁月让这座城池极尽荒芜，但他凭着自己锐利的眼光还是看出了这座城池昔日辉煌时的风采。城池的兴衰给哲人带来了无尽的思索，他随手搬过一个石雕坐下来，内心感慨万千。

忽然，一个声音飘进哲人的耳朵："先生，你感叹什么呀？"哲人四下张望并没有人，后来发现声音来自被自己坐着的石雕——那是一尊"双面神"石雕。哲人没见过这样的造型，奇怪地问："你为什么会有两副面孔呢？"

双面神说："有了两副面孔，我才能一面察看过去，牢牢汲取曾经的教训；另一面瞻望未来，去憧憬无限美好的明天。"

哲人听罢，说道："过去的只能是现在的逝去，再也

顿悟
洒脱的智慧

无法留住；而未来又是现在的延续，是你现在无法得到的。你不把现在放在眼里，即使你能对过去了如指掌，对未来洞察先知，又有什么意义呢？"

听了智者的话，双面神不由得痛哭起来："你的这番话让我茅塞顿开，我终于明白我今天落得如此下场的根源所在。"

哲人问："为什么？"

双面神解释说："很久以前我驻守这座城池时，总是一面察看过去，一面瞻望未来，却唯独没有好好把握现在。结果这座城池被敌人攻陷了，美丽的辉煌成了过眼云烟，我也被人们唾骂而弃于这座废墟中。"

昨天已成为过去，明天还没有到来，总回想过去，有限的精力会被无端浪费，老幻想明天，时光就会白白地流逝。人生不能徘徊，不能等待，人生最好的时光就是宝贵的现在，我们一定要学会活在当下。

到底什么叫作"当下"？简单地说，"当下"指的就是你现在正在做的事、待的地方、周围一起工作和生活的人；"活在当下"，就是要你把关注的焦点集中在这些

第一辑
做幸福的人，一池落花两样情

人、事、物上面，全心全意认真去接纳、投入和体验这一切。

从前有个渔夫躺在沙滩上悠闲地晒太阳，有个富翁走过来对他说："你怎么能在这里晒太阳，你现在应该去努力干活啊。"

渔夫问："干活有什么用呢？"

富翁说："干活就会有一点积蓄。"

渔夫问："有积蓄又有什么用呢？"

富翁说："有了一点积蓄，你就能进行投资。只要努力工作，细心管理你的投资，加上运气好的话，一二十年后，你就能变成一个富翁了。"

渔夫又问："成为富翁有什么用呢？"

富翁说："成了富翁就能像我一样，可以躺在沙滩上晒太阳。"

渔夫问富翁："可是我现在不正是这样吗？"

渔夫的回答妙到极处，活在当下，什么都不想，就只是在当时，享受每一个真实的刹那：那春天美丽的花、

顿悟
洒脱的智慧

夏日凉爽的轻风、秋天丰硕的果实、冬日和煦的阳光,那得之不易的机会,那美好的幸福时光,那大好的青春年华……

对过去已发生的事不作无谓的思维与计较,所以无悔;对未来会发生什么也不去作无谓的想象与担心,所以无忧。没有过去拖在后面,也没有未来拉着往前时,生命全部的能量都集中在这一刻,生命也就具有了一种巨大的张力。

事实上,"当下"也是稍纵即逝的,正如朱自清在《匆匆》里所描述的:"洗手的时候,日子从水盆里过去;吃饭的时候,日子从饭碗里过去;默默时,便从凝然的双眼前过去……"当下的前一秒是过去,下一秒就是未来,当下连接着过去和未来,所以好好把握现在,活在当下,我们也就拥有了过去和未来。

时间是由无数个"当下"串联在一起的,每一个当下的瞬间都将是永恒。林清玄在作品《天心月圆》中说过这样一句话:"昨天的我是今天的我的前世,明天的我就是今天的我的来生。我们的前世已经来不及参加了,我们有什么样的来生尚且不知。让它们去吧!就把握今天吧!"

第一辑
做幸福的人，一池落花两样情

人活百岁，不过三万多天，白驹过隙，倏然而已。活在当下的此时此刻，用心演绎生活的精彩，感悟生命的真谛，就能拥抱真正的自我，让珍贵的时光不被浪费。

|006| 人生不必快进，等待也有别样意义

生活中，随处可见的是等待。比如，当你兴致勃勃地进入饭店吃饭，遇到慢吞吞的上菜速度，你只能愤然等待；当你开车遇到红灯的时候，你只得无可奈何地等待；当你在超市购物去结账的时候，前面已经排了来得更早的很多人，你不得不安静地等待。

无论是哪一种，等待往往使人有一种莫名的烦恼，这种烦恼中含有对他人的怨恨、对生活的抱怨。有人甚至祈祷时间过快一点，希望永远没有等待。殊不知，没有了等待，生活也就失去了原本的意义。

从前，有一个年轻人与女朋友约会。他早早地来到一棵大树下，左等右等就是不见女友的影子，于是长吁短叹起来。突然，他的面前出现了一个天使。天使送给他一样东西，只要按一下按钮，就可以跳过所有的等待时间。

第一辑
做幸福的人，一池落花两样情

年轻人试着按了一下按钮，女朋友立即出现在他面前。他想，现在我们举行婚礼该多好，于是又按了按钮。紧接着出现了热闹的婚礼场面，他与未婚妻正手挽手向来宾鞠躬。"要是现在我们就有了孩子，多好啊！"于是，他的想法又实现了。他飞快地按着按钮，又有了孙子、重孙子，一眨眼工夫就儿孙满堂了。

一时之间，心中的愿望不断地超前实现了，可是，此时的他却是老态龙钟，衰卧病榻，死亡的恐惧深深地包围着他。一直追求快点实现自己的愿望，很多东西没有享受就已经过去了。这时，他才明白，在生命中，即使等待也有很大的意义。

一篇文字里描写过这样一种花：在南美洲一个海拔4000多米、人烟稀少的地方，生长着一种叫作普雅的花，花开之时美丽到极致。这种花的花期只有短短两个月，而且百年才开一次，然而它总是静静伫立在高原之上任凭雨打风吹，等待着100年后生命绽放时的惊天一刻，等待着攀登者的眼前一亮！

对普雅花来说，等待是一种美丽，而对于人来说不也

顿悟
洒脱的智慧

是吗？现实中我们缺乏的正是这种等待精神。那些好高骛远的人只看重成功的光辉，却忽略了成功前的努力和等待，然而没有之前的努力和等待，又哪来的成功呢？

飞舞的蝴蝶是美丽的，那种美丽是因为蛹曾经在厚厚的茧壳中，在黑暗与无助的寂寞中默默地等待并挣扎，才会为自己迎来自由灿烂的美丽；鲜艳的花朵是美丽的，那是因为泥土中的种子在寂寞的时光中悄然地舒展着生命，准备迎接温柔的春风与细雨，是等待给了它生命的希望。

不过，生活中也有这样一种人，他们在等待中既不会烦躁，也不会绝望。他们会将等待的过程看成是一种体验，在等待的时间空间范围内去做、去看，去体会一系列可以享受到的东西，而对那时的他们而言，等待就不是痛苦的煎熬，而是一种别样的享受，是从各方面享受生活的难得一刻……

有一次，凯·本从偏远的农村搭车到城市，车到途中忽然抛锚。那时正值夏季，午后的天气闷热难当，这着实让人着急。凯·本询问司机，得知车子修好要用三四个小时，便独自步行到附近的一条河边。

河边清静凉爽，风景宜人，凯·本在河中畅游了一番之后，感到浑身的暑气全消、神清气爽，之后他躺在一片树荫下，迎着和煦的风、看着蔚蓝的天，听着婉转的鸟鸣，觉得此刻美妙极了。最后，他又美美地睡了一觉。

等凯·本回来后，司机已经将车子修好了。此时已经将近黄昏，凯·本搭上车，趁着黄昏凉爽的风，直向城中驶进。尽管耽误了半天的时间，但是凯·本逢人便说："这是我平生最美妙、最愉快的一次旅行！"

在汽车抛锚又不能及早修好的情形下，别人可能会顶着烈日，气恼地抱怨车子怎么不能提早一分钟修好。而凯·本则利用这段时间安心地在河边享受了一番，如此这次旅行变成了最愉快的一次。等待的妙处由此可见一斑。

《希望井》中有这样一段话："掉落深井，我大声呼喊，等待救援……天黑了，黯然低头，才发现水面满是闪烁的星光。我总在最深的绝望里，遇见最美丽的惊喜。"著名绘本作家几米用诗意盎然的语言写出了耐人寻味的哲理：

顿悟
洒脱的智慧

人生不会一马平川，也不会总是春风得意，当心生绝望时，你应该学会等待，在等待中你也许会发现生活的另外一个出口，遇见不期而遇的美丽。

第二章 以爱之心，善待生命

> 我们每个人都希望得到他人的认同，肯定自己的价值，获得别人的重视和赞赏。爱的功能就在于此，让我们感受到生命的重要和奇妙。爱，是心灵的归属、生命的方向；爱，是花间滚动的露珠，滋润着美丽的生命。是的，当我们选择了爱，世界便因我们而美丽。

|001| 用爱构建你的家庭

人们常说："有了家就等于有了温暖，家是我们遮风避雨的港湾。"没错，有了家就等于有了一切。有了家人的爱护和关心，无论生活有多么困苦，我们都能体会到幸福的滋味。当然，前提是用真爱呵护家庭。

罗斯福还是个小男孩的时候，他认为自己是世界上最

顿悟

洒脱的智慧

不幸的孩子：他的腿因脊髓灰质炎留下残疾，长着一口参差不齐的牙齿，经常被小伙伴们嘲笑。罗斯福很自卑，走路都不敢抬头。父母看在眼里，疼在心里。

有一次，罗斯福的父亲带回几棵树苗，让孩子们栽到后花园里，并说谁的树长得最好就能得到一件令人惊喜的礼物。罗斯福不自信，勉强栽了一棵树后就再没有管过，但最后他的树苗长得最好，他得到了父亲赠送的礼物。自己从没照顾过那棵树，它为什么会长得那么好？罗斯福很不解，一天他悄悄起床走到后花园，远远地看到父亲蹲在地上，正在为自己的那棵树浇水、施肥。他躲在一丛花草后，泪水禁不住流了下来："原来父亲这么爱我呀，我以后决不能让他失望！"

为了使罗斯福更好地成长，母亲在生活上给予了他无微不至的照顾，而且还千方百计地培养他，为他请来了家庭教师教他法语和德语，还给他安排了钢琴、绘画课。与此同时，母亲还为罗斯福记日记，详细记录了罗斯福的成长过程和兴趣爱好。在母亲的关爱和激励下，罗斯福学习非常努力。这为他日后的成功打下了非常重要的基础。

第一辑
做幸福的人，一池落花两样情

爱是家庭必不可少的部分，家庭成员之间相濡以沫、亲密无间的关系，对我们拥有抗压、抗挫的能力会产生重大影响。罗斯福正是由于父母深切的爱，才重新变得自信乐观起来，才敢于面对外面的风风雨雨，也才有了后来的成就。

家，你有一个家，我有一个家，在这喧闹的都市中，人人需要一个温馨的家。"家是青砖灰瓦红窗花，家是柴米油盐酱醋茶。家是儿和女，家是爹和妈，家是一根扯不断的藤，藤上结着酸甜苦辣的瓜。"和谐的家庭需要每个家庭成员的情感支持，彼此关爱对方、牵挂对方、鼓励对方，是我们获得幸福的最好途径。

因此，要想拥有一个幸福的人生，那么就请为你的家、为你的家人奉献你所有的爱。爱，应多一份关爱，少一份冷漠；多一份真诚，少一份虚假；多一份信任，少一份猜疑；多一份尊重，少一份伤害。关爱、真诚、信任、尊重，一个人若能往家庭里投入这些，那么就能浇灌出一朵朵美丽的幸福花。

家是最温暖的地方，是心灵的绿洲和歇息之地，家不仅是一种爱的享受，也是一种付出，更是爱的积累。用爱

顿悟
洒脱的智慧

来构建你的家庭，当你的家中充满爱时，财富和成功也会相伴而来。

有位妇人走到屋外，看见自家院子里坐着三位老人。她并不认识他们，但是她是一个善良的人："你们应该饿了，请进来吃点东西吧。"

"我们不可以一起进入一个房屋内。"老人们回答说。

"为什么呢？"妇人奇怪地问。

其中一位老人指着他的一位朋友解释说："他的名字是财富。"然后又指着另外一位说，"他是成功，而我是爱。"接着又补充说，"你现在进去跟你丈夫讨论看看，要我们其中的哪一位到你们的家里。"

妇人进屋跟丈夫说了此事，丈夫高兴地说："让我们邀请财富进来！"

妇人并不同意："何不邀请成功呢？"

女儿听到了父母的谈话，建议道："我们邀请爱进来不是更好吗？"

这对父母应允了。妇人到屋外邀请"爱"进入家中。

"爱"起身朝屋子走去，另外两位老者也一起跟着他。

妇人惊讶地问"财富"和"成功":"我只邀请爱,怎么连你们也一道来了呢?"

老人们相视一笑,然后齐声回答道:"如果你邀请的是财富或成功,另外两个人都不会跟着走进去的;而你邀请爱的话,那么无论爱走到哪儿,其他两个人都会跟随的。哪儿有爱,哪儿就有财富和成功。"

"我喜欢一回家就把乱糟糟的心情都忘掉,我喜欢一起床就带给大家微笑的脸庞……我喜欢快乐时马上就和你一起分享,我喜欢受伤时就想起你们温暖的怀抱,我喜欢生气时就想到你们永远包容多么伟大……因为我们是一家人,相亲相爱的一家人。有福就该同享,有难必然同当,用相知相守换地久天长……"

让我们记住这首歌,让我们拥有它所说的幸福,用爱浇灌出幸福的花朵。

顿悟
洒脱的智慧

|002| 用爱心对待生命中的每一次遇见

忙碌的我们似乎越来越不快乐了，忧郁和孤独不断充斥着生活。我们为什么会忧郁，为什么会孤独？著名心理学家荣格的观点是："我的病人中大约三分之一都不是真的有病，而是由于他们只爱自己，只在乎自己的所得与所失，对周围的一切表现出冷淡、怠惰、不在乎、无所谓的态度。"如此，自然感觉不到来自外界的温情。一个人只有愿意付出自己的爱心，才能从他人处收获感激与慰藉。

在暴风雨后的一个早晨，沙滩的浅水洼里有许多被暴风雨卷上岸来的小鱼。它们被困在浅水洼里，回不了大海了。用不了多久，浅水洼里的水就会被沙粒吸干、被阳光蒸发，这些小鱼都会被干死。

有一个小男孩走得很慢很慢，而且不停地在每一个水

第一辑
做幸福的人，一池落花两样情

洼旁弯下腰去——他捡起水洼里的一条条小鱼，并且用力把它们扔进大海。太阳炙烤着沙滩，小男孩的汗水不停地流着，腰酸、胳膊痛，但他还是在不停地扔着小鱼。

有人忍不住走过去："孩子，这水洼里有这么多条小鱼，你救不过来的。"

"我知道。"小男孩头也不抬地回答。

"那你为什么还在扔？谁在乎呢？"

"这条小鱼在乎！"男孩儿一边回答，一边继续拾起一条小鱼扔进大海，"这条在乎，这条也在乎！还有这一条、这一条、这一条……"

在小男孩的心目中，每一条小鱼都是独立、完整的生命，都有获得同情、关爱和呵护的需要。尽管这么多小鱼他救不过来，可是对于被救的小鱼来说，它的新生不就意味着重新获得了整个世界吗？有什么理由不倾情相救呢？

是啊，"生命诚可贵"，大街上可怜的乞丐们、被抛弃的孩子们、被冷落的老人们，他们难道不是和小鱼一样的生命吗？每个人都需要关爱，生活上也少不了关爱，那我

顿悟
洒脱的智慧

们就应该去关爱他人，这样世界上才会充满爱！

人与人之间的关爱不是只存在于亲朋好友间，我们应该充满热情地帮助任何一个需要我们的人。爱心，无须用多么高深的语言来阐明，也不必做出一番惊天动地的壮举来，完全可以通过点滴小事来体现。对许多人来讲，你的举手之劳却能使他人感到这个社会的温情。

在20世纪爆发的一场战争中，一名叫丽娜的普通家庭主妇从报纸上看到，参战的士兵因思念亲人倍感孤单、失落，作战士气极为消沉，于是她决定以亲人的身份给他们写信：收信人是"每一位参战的士兵"，落款一律是"最爱你们的人"。信的内容风趣幽默、关怀备至。直至战争结束，丽娜一共寄走了600多封信，她认为自己所做的一切不值一提。

日子一天天过去，转眼间战争结束已经快10年了。一天清晨，丽娜梳洗完毕要去上班，打开房门的一刹那，她惊呆了：门口笔直地站着一排排穿戴整齐的绅士。他们每人手里拿着一束玫瑰花，见到她簇拥了上来，齐声喊道:"我们爱你,丽娜女士!"丽娜此时像万人追捧的明星,被鲜花和掌声包围着。

原来,在战争结束10周年之际,参战士兵联合会进行了"战争中我最难忘的事"的评选活动。所有收到信件的士兵至今都难以忘怀,在那艰难的岁月这些信给了他们无穷的信心和勇气,于是他们决定找到写信人。通过寄出信的邮局,他们知道了丽娜的详细地址,便相约来答谢这位伟大的女士。

丽娜的眼睛湿润了,她从没想过,自己的一封封信件居然会让这些经历了战火纷飞、生离死别的老兵们念念不忘。此时的她是幸福的。

爱,真的是一件神奇而美好的事物,它最神奇的一面就是让施爱者能够体会到幸福。当你把爱的阳光传递给别人时,即便微不足道,你的内心也会被阳光照亮。"送人玫瑰,手有余香",在献出爱心芬芳众人的同时,幸福的也是我们自己。

"只要人人都献出一点爱,世界将变成美好的人间。"

顿悟
洒脱的智慧

歌曲《爱的奉献》中的这句歌词表达了人们对爱的呼唤和向往。无论何时何地，我们要爱生命里的每一个人，怀仁爱之心，推仁爱之举，用爱筑起一座座温馨的大厦。记住："每一条小鱼都在乎！"

|003| 懂得爱自己的人，才能遇见更多幸福

烦琐忙碌的生活中，很多人能够全身心地去爱别人，却忘记要多关心自己。他们为他人、为家庭付出了很多，牺牲了很多，唯独就没有过为了自己，结果身心俱疲，离幸福越来越远。懂得去爱别人，也学习爱自己，这是我们需要学习的一门与幸福息息相关的课题。我们将自己纳入关爱的范畴，才能与幸福相遇。

王小蓓是一个十分温柔贤惠的女人，她认为一个好妻子就该做好贤内助。为了能尽量多陪陪丈夫和儿子，她将自己的个人活动都拒之门外，皮肤也不做保养了，化妆就更不用提了，甚至连个人兴趣都放弃了，除了上班就是在家围着丈夫和儿子转，精心打理家里的一切大小事情。去商场逛街，她满脑子想的是给老公孩子买什么，即使自己相中了某件衣服也都是犹豫片刻便跑到别处去了，因为这

> 顿悟
> 洒脱的智慧

件衣服的价格足够给孩子买更多好吃的……那真是整个身心都扑在这个家里了。

可是,王小蓓的丈夫并没有珍惜她,他在外面有了其他的女人,他的理由是"她整日忙碌于家务,每天一副不修边幅、邋里邋遢的样子,而且一点兴趣爱好也没有,和她在一起很无聊,生活枯燥无味……"王小蓓做了多年的贤内助,耗光了自己的青春年华,最终等来的只是一纸离婚协议。她猛然发现,自己突然间已经失去了很多。

很多人之所以不幸福,就是因为他们不懂得关爱自己,以至于失去自我的缘故。这并不难理解,一个人若连自己都不爱,倾其所有,牺牲自我,这种爱会变得越来越卑微,别人又怎会瞧得起你,把你当回事呢?卑微是留不住人心的。

人,不仅要向他人奉献自己的爱,也应该多爱自己一点点。爱自己,不是自私自利,而是源于对生命本身的崇尚和珍重。只有懂得爱自己,才能懂得爱的责任,也只有多爱自己一点,才更有能力去爱别人。

第一辑
做幸福的人，一池落花两样情

一位老华侨在国外曾独自奋斗多年，如今终于决定回国与家人团聚了。在为他送行的晚宴上，有朋友问，这么多年感触最深的是什么。老华侨回答："凡事多爱自己一点！这么多年一个人在外，要不是凡事多爱自己一点，就走不到今天；要不是凡事多爱自己一点，家庭也不会这么美满。"

"这是不是有点自私？"朋友半开玩笑地问，因为在他看来，一个大男人担忧的应先是一家老小的安危，而他却是自己。

"不自私，"老华侨解释道，"家人在家乡，无论遇到病还是灾，身边有亲人，担忧是担忧，但总可以转危为安。但我不同，异国他乡，要自己做好一切准备，防患于未然。"老华侨顿了顿，接着说，"平时，对身体有好处的食物我从来不吝啬，该吃就吃，每个星期日我都会做自己喜欢做的事情，将心中的不快排解出去。每年夏天我都给自己10天假期，去海边游泳，晒太阳，让自己彻底地、全身心地放松。正因为这样，我的身体和精神状态一直很好，我可以好好地工作，多赚些钱让家人生活得更好。"

顿悟
洒脱的智慧

一个人如果不爱惜自己，逼迫自己像陀螺一样不停地旋转，那么很可能会出现不同程度的身心之患，到那时再多的金钱也是枉然。所以，爱自己，首先要爱惜自己的身体，学会劳逸结合，不要因为工作而过度劳累，建立规律的健康生活习惯，保持健康的心理状态，定期进行健康检查、有病及时治疗等。健康是人生的第一财富，有了健康的身心，才能谈得上事业有成、家庭幸福，才能憧憬美好的未来。

爱自己，要有自己的朋友圈和兴趣爱好。多结交一些朋友，多培养兴趣爱好，这是一个人的精神食粮，支撑着一个人的精神世界。

爱自己还要懂得自助，面对生活中的苦难和不幸，你首先要自己学会承担，自己拯救自己，尽全力替自己解围。假如在人生中的某一时刻，你的身旁恰巧没有关心你、愿意倾听你心声的人，如果你还傻傻地站在原地，等待别人的救助，那么只会让自己走向痛苦的深渊，又岂会有幸福可言。

爱，要多给自己一点点。因为你很重要，你就是你能拥有的全部。你存在，才会感到整个世界存在。你看得到阳光，才会感到整个世界看得到阳光。正如一位哲人所说的："不要再等待别人来斟满自己的杯子，也不要一味地无私奉献。如果我们能多爱自己一点，先将自己面前的杯子斟满，心满意足地快乐了，自然就能将满溢的福杯分享给周围的人，也能快乐地接受别人的给予。"

|004| 真正的友谊是贫贱相守、比肩而立

在这个世界上,每个人都不是孤立的存在,每一个人都拥有朋友,每一个人也都需要朋友。一个人的天空是狭小的、单调的,友情织成的天空是广阔的,也是灿烂的。如果你拥有朋友,就要真心地关爱他们,快乐时与之共享,悲伤时给以安慰,主动营造一种和谐的关系。

问题是,有些人总是抱怨别人对自己不够好,抱怨别人不为自己付出,抱怨自己没有真正的朋友。原因何在?不妨想想,你对别人足够好吗?你对别人付出了多少呢?只想着从别人身上得到而自己不先付出,让人看不到你的诚意和无私,自然就不会和你做朋友了。

从前,有两个饥饿的人得到一位长者的恩赐:一根鱼竿和一篓鲜活硕大的鱼。其中一个人要了一篓鱼,另一个人要了一根鱼竿。得到一篓鱼的人饿极了,就在原地用干

第一辑
做幸福的人，一池落花两样情

柴搭起篝火煮了一条鱼，不过他没有独自把鱼吃个精光，而是分了一半给得到鱼竿的人。两人吃完鱼后不饿了，便商定共同去找寻大海。大海离这里还有很长的一段路要走。路上，两人每次只煮一条鱼，一人一半。

经过长期的跋涉，这两个人终于来到了海边，这时候鱼篓中的鱼已经吃完了。得到鱼竿的人开始钓鱼了，为了报答分食的恩情，他将钓的鱼分给了得到鱼篓的人，从此两人以捕鱼为生，过上了幸福安康的生活。

在这个事例中，这两个人没有被自私蒙蔽双眼，他们把自己的东西让一半给对方，互助互爱，最后战胜了饥饿，拥有了幸福，还得到了珍贵的友谊。可贵的友情就是这样，惺惺相惜，同舟共济。在生活中，如果我们拥有这样的友情，千万要懂得珍惜，不要让这样的朋友在我们的人生中消失。

诗人纪伯伦曾说过："和你一同笑过的人你也许很快就把他忘却，而同你一同哭过的人，你也许一生都会记住他。"其实道理很简单，"危难之中见真情"，人在遇到难处的时候特别渴望得到朋友的爱，你及时的关爱和帮助无疑是雪中送炭。朋友之间就是这样，锦上添花不足贵，雪中送炭才是君子所为。

那时，孟同刚刚毕业参加工作，因工作中的一点小失误被迫辞了职，但他照例得给家里寄钱以供弟妹上学。身上的钱已经所剩无几，因交不起房租一再被房东抱怨，但孟同是一个自尊心很强的人，在朋友面前从不表示出来。

一天，朋友来孟同家里玩儿，不巧的是孟同临时接到面试的通知，他让朋友先在家里待会儿，自己就去面试了。等他再回来时，看见桌上放了1000元钱。这时手机响了，朋友发来了一条信息，说"房租已交，钱留着用"。原来方才房东又来催交房租了，朋友便慷慨解囊。短短几行字，让孟同热泪盈眶，一份感动充满了他的内心。

多年过去了，孟同已经由一个穷小子变成了一个成功人士，而这部手机、这条信息他始终保留着。孟同在意的不是这些，而是那一份真挚的友情。后来，孟同听说朋友的父亲得了重病需要做手术，朋友因资金不够踌躇不已。第二天，他什么也没说就给朋友的父亲交了10万元的手术费。

第一辑
做幸福的人，一池落花两样情

曾经听过这样的话："茫茫人海，漫漫长路，你我相遇，成为相互。相互就是走累了一起扶助，走远了一起回顾；相互就是痛苦了一起倾诉，快乐了一起投入。"真正的朋友就是这样一种相互，无论在何时何地，并肩站立，携手同行。所以，真心地爱你的朋友吧，给他们支持和帮助、温暖和感动。

千百年来，歌颂友谊的诗句百听不厌，李白的"桃花潭水深千尺，不及汪伦送我情"，王维的"劝君更尽一杯酒，西出阳关无故人"，何逊的"春草似青袍，秋月如团扇，三五出重云，当知我忆君"，王勃的"海内存知己，天涯若比邻"，演绎着一幕幕可贵的友情。

我们需要可贵的友情，这种感情不依靠什么、不企求什么，它是纯粹且温暖的，是我们幸福大道的铺路石。岁月如海，友情如歌，一首《朋友》道尽情愫："朋友一生一起走，那些日子不再有，一句话，一辈子，一生情，一杯酒。朋友不曾孤单过，一声朋友你会懂，还有伤还有痛，还要走还有我……"

|005| 精神赡养才是最好的孝心

在爱的花园中,有一朵花既没有浓烈的香气,也没有美艳的花形,它看似那样平凡无奇,那样容易被人忽略,但是它却是开得时间最久,就算干枯了花色也不退,这朵花就是父母对儿女的爱。他们将全部的爱奉献出来,默默付出,不求回报,将不平凡的爱寓于平凡中,是那么深沉、隽永。

可是我们呢?总是认为这种爱是理所应当的,总是在强调着自己的酸甜苦辣,终日迷恋于面子、金钱、权力……一次次把父母抛之脑后,"等我升职了一定回家看他们""等我发达了再好好孝敬他们"……一年又一年,任孤独一再地摧毁父母的容颜,任辛苦不停地压弯父母的脊背。

殊不知,人生中很多事情是可以等的,但是对待父母的爱、孝敬父母是不能等的。因为,时间如水,我们在一

第一辑
做幸福的人，一池落花两样情

天天成长的同时，父母却在一天天老去。我们对父母的感恩来得及，父母却未必等得及，世间最痛苦的事情莫过于"子欲孝而亲不待"。

杨伟在北京有一份体面的工作，那是一个离家很远的城市。职场上的竞争压力让杨伟不敢松懈，而且他一心想得到更多升职的机会，回家看望父母的时间特别少。每次打电话回家，两位老人都会问："你这周末有时间吗？回家看看吧！"杨伟总是搪塞着，他已经记不清有多少次这种电话了。而母亲也通情达理："没事，忙你的工作吧，有你父亲陪着我就行。你好好照顾自己，我就放心了。"

这次，父亲打来了电话，坚持要杨伟回家看看，说是母亲生命垂危。杨伟赶紧放下手头工作驱车回家。见到母亲的一刹那，他呆住了，一年没见，母亲居然瘦弱得不成样了……原来，母亲一年前就已经查出患了癌症。她想告诉杨伟这个噩耗，但又担心耽误孩子的正常工作，只好每次打电话时问杨伟回不回家。但是每次杨伟都会有各种各样不回家的理由，母亲只好无奈地作罢。

怎么会这样，怎么会这样？杨伟的内心像针扎了一

顿悟
洒脱的智慧

样,这些年他只想着通过自己的奋斗让父母将来过上好日子,万万没想到母亲已经等不了了。他恨自己当初的无知,后悔没有好好陪陪母亲。杨伟任由泪水肆意地流淌着,这是愧疚的泪,也是痛苦的泪,是对于自己不孝的忏悔的泪……

"父兮生我,母兮鞠我,拊我畜我,长我育我,顾我复我。"做儿女的不能总想着要索取爱,要父母理解你、包容你,而是要时时刻刻想着怎么给予爱,尽可能地对父母做一些感恩的事情。你会发现,这不仅是善待父母也是善待自己。

其实,仔细想想,父母盼望的不是儿女的飞黄腾达,需要的不是儿女充裕的物质孝养,他们的要求很简单,子女平安幸福就好,子女常回家看看就好,子女多一些问候就好。一旦感受到子女的挂念和关爱,他们就会幸福和快乐,这远胜过物质的慰藉。

所以,孝顺不在于你物质上的给予有多少,不在于你心里想了多少,而在于你真心去做了多少,在于蕴含其间的真情挚意。别再找各种各样的理由了,常回家看看父母,

第一辑
做幸福的人，一池落花两样情

抽时间陪陪父母，听从父母的教导，关心父母的健康，分担父母的忧虑，好好用爱回报父母吧，让他们真正享受你所给予的快乐。

> 顿悟
> 洒脱的智慧

|006| 耐心做好孩子的听众

大多数年轻父母对孩子在生活上十分关爱，可是当孩子遇到什么问题，渴望诉说时，父母们却总是忙着做其他的事情，心不在焉，稍不如意就不让孩子把话说完，轻则斥责，重则打骂，而不去了解其中的缘由。

殊不知，父母这样的做法往往容易导致孩子出现性格孤僻、不擅长与人交流、没有主见等问题。一份调查显示：80%的儿童心理问题和家庭有关，特别是与父母对孩子的教养和交流沟通方式不当有关。这是为什么呢？

孩子是一个独立的个体，随着年龄的增长，他们的思维一直在向大人靠近，他们开始独立地思考遇到的每一件事，并逐渐对大人的世界产生了自己的想法和观点。孩子主动和父母谈到自己的事情，是对父母的信任和依赖，是想从父母那里得到解答和安慰，这是一种高层次的精神需要。

第一辑
做幸福的人，一池落花两样情

这时，父母如果拒绝倾听孩子的诉说，忽略或压制孩子的想法，无疑会挫伤孩子独立思考的积极性。孩子会有严重的失落感和缺乏交流的压抑感，以后有了自己的想法也不敢说出来，害怕被拒绝、被批判和嘲笑。久而久之，他们就会变得沉默寡言，身心变得不健康。而当孩子把自己的话埋藏在心里时，做父母的就很难知道孩子的所思所想，以致双方互不信任，产生对抗情绪，沟通困难。

要想避免上面提到的种种不良后果，身为父母者就要留一些时间给孩子，做孩子的听众，倾听孩子的心声。这不会浪费你多少时间，而你又多了一个了解孩子、教育孩子的机会。孩子在成长过程中，需要父母陪伴，也需要指导，你可以根据孩子说的话进行有针对性的教育，孩子理解有偏差的地方，你可以纠正；孩子看法片面的时候，你予以补充。这样，孩子各方面能力都能得到提高，何乐而不为呢？

倾听，是父母与孩子心灵沟通的一座桥梁，它不仅是一种对孩子的尊重、同情和爱护，而且也是一种与人为善、慈悲为怀的做人态度。当父母愿意做孩子的听众，倾听孩子的心声，能够耐心倾听他们的话语，了解他们的意见或

顿悟
洒脱的智慧

问题，在通往孩子的心灵之路上就建起了一座爱的桥梁。

德国教育学家卡尔·威特就曾这样说："我认为倾听是一种非常好的教育方式，因为倾听对孩子来说是在表示尊重，表达关心，也促使孩子去认识自己的能力。如果孩子感到他能自由地对任何事情提出自己的意见，而他的认识又没有受到轻视和奚落，他就变得毫不迟疑，无所顾忌地发表自己的意见，先是在家里，后是在学校，将来就可以在工作上，自信勇敢地正视和处理问题。"

那么，父母如何做好孩子的听众呢？

给予孩子足够的时间。

身为忙碌奔波的都市人，我们每天都有做不完的工作，或者应付不完的事情。但是，当孩子主动向你表达自己对某个人或某件事的想法和观点时，无论你手头在忙什么，最好停下来，给予孩子足够的时间，告诉孩子："我很想了解你的想法，我们一起聊聊。"然后耐心地倾听孩子的心声吧。

当然，如果你当时确实没有时间，你可以说："我必须把手头上的工作做完，但是我们可以聊上15分钟。"你也可以和孩子约一个时间下次再谈，比如这样说，"我现

第一辑
做幸福的人，一池落花两样情

在很忙，但是我们可以在你睡觉前好好谈谈。"最重要的是你要做出某种暗示，你对孩子很关心，认可孩子的感情。

一名记者一天访问一个5岁小男孩，问他："你长大后的理想是什么呀？"小男孩天真地回答："我要当飞机的驾驶员！"记者接着问："如果有一天，你的飞机飞到高空，可是所有的引擎都熄火了，你会怎么办？"小男孩想了说："我会先告诉坐在飞机上的乘客绑好安全带，然后我带上降落伞跳出去。"

听到这里，周围的大人们纷纷大笑起来。男孩听了似乎很委屈，两行热泪夺眶而出。记者继续注视着这个孩子，问他："为什么你要这么做？"男孩说："我要去找一架油多的飞机，让它把多余的油给我们的飞机加上。这样，大家就得救了。我还要回来！"

这位记者鼓励小男孩把话说完，了解到了小男孩内心真挚的想法，这就是"听的艺术"。听孩子的话不能只听一半，而要耐心地等他把意思表达完整，千万不要没等孩子把话说完，就"以大人之心度孩子之腹"，主观地做出

顿悟
洒脱的智慧

判断，以免误解孩子，错怪孩子。父母应常常扪心自问："今天，我听完孩子的话了吗？"

由于语言能力有限，也许是出于自卑或是别的一些原因，孩子在与父母沟通时并不总是把他们的想法或需求表述得清清楚楚、直截了当，他们也许会采用一种委婉含蓄的表达方式向父母暗示。因此，父母在倾听时一定要细心，要注意孩子没有明说出来的内容，学会听懂孩子的"潜台词"，这样你才能更好地了解孩子的内心想法，才能促使你和孩子的沟通更加顺畅。

比如，如果孩子回家后对你说："妈妈，今天老师表扬王欢了。"你的反应可能是：老师为什么表扬王欢没有表扬你，你要向王欢学习啊……这就是没有理解孩子的真正意思，还容易激化孩子的不快。孩子讲这件事的目的只是想表达一下他的情绪，希望得到一些安慰和鼓励，为此你不妨这样回应："哦，是吗？王欢是你的好朋友，她受到老师的表扬，你替她高兴。你表现得也很好，老师没有察觉到，是吗？"

总之，孩子虽然小，但他们也有独立的人格尊严，有表达内心感受、阐述自己看法的自由，而且孩子向父母敞

第一辑
做幸福的人，一池落花两样情

开心扉的程度完全取决于父母倾听他们谈话的态度。做好孩子的听众，倾听他们的心声，理解其心情和感受，也就踏出了引导孩子们走向自立的第一步，你的子女教育将更高效，更成功。

第二辑 做慈悲的人，云在青天水在瓶

生活有熙攘纷争，做人要慈悲大爱：发自内心地关怀别人，理解他人的立场和感受，温和宽容地对待残缺与遗憾。慈悲之光胜过千言万语，它能点亮人们内心深处的光，使心灵之间的隔阂与怨恨消散。心怀慈悲，正念正行，必然淡然而无畏，无往而不胜。

第二辑
做慈悲的人，云在青天水在瓶

第三章 把慈悲的力量，化为同理的心量

人与人之间最可贵的是换位思考，培养自己的同理心，体会他人的情绪和想法，理解他人的感受，并站在他人的立场处理问题。如此，即使面对大的纷争，也能保持理性与风度；无论身处窘境还是高位，都不会丢失德行与态度。

|001| 对每个人给予平等的尊重

人与人之间的处境是存在差异的，有的人事业风光，有的人离职失业；有的人腰缠万贯，有的人贫困潦倒……基于此，有些人习惯在不如自己的人面前大耍派头，盛气凌人。殊不知，这是一种极不尊重他人的表现，只会招致别人的反感，自取其辱，让自己难以下台。

有一次，英国大文豪萧伯纳在苏联莫斯科访问，他在

顿悟
洒脱的智慧

街头散步时见到一个非常可爱的小女孩,便和对方玩了起来。分手时萧伯纳笑着对小女孩说:"小姑娘,回去告诉你的妈妈,你今天和伟大的萧伯纳一起玩了。"

谁知,这个小女孩儿也学着萧伯纳的口气说:"好,你回去了也要告诉你的妈妈,你今天和苏联女孩儿安娜一起玩了。"

小女孩的话深深地触动了这位大文豪的心,他立刻意识到了自己的傲慢,并向小女孩儿道歉,两个人高兴地道了别。后来,萧伯纳每每回想起这件事都感慨万千,他说:"一个人无论有多大的成就,对任何人都应平等相待。"

当你摆出了一副高傲的架子,别人也会用同样的方法来回敬你。反之,当你对别人恭敬,才能换取他人对你的尊重。在现代礼仪中,尊重原则是基础,也是重中之重。一个人无论有多么大的成就,都要在尊重的基础上,平等地对待每一个人,既不盛气凌人,也不卑躬屈膝。

官职再大,地位再高,钱财再多又怎样,每个生命都不卑微,所有人的人格都是平等的,谁也不会比谁高贵多少。即使你再高人一等,也没有盛气凌人的权利。拿破仑就经常告诫自己的部下:"在这个世界上,没有无用之物,不管是什么东西,我们都不应该加以贬低。"

子曰:"君子不重则不威。"重为庄重,不是自命贵重;威乃威严,绝非八面威风。那些取得伟大成就的人,无论居于何等高位、身份多么尊贵,他们都会以一颗平等之心,尊重身边的每一个人,这是一种伟大的品德。当你具有这种品德时,你就会设身处地地为他人着想,考虑别人的感受和需求,收获他人的尊重和欣赏。

有一回,苏联作家斯路肯夫在公园里散步时,看到一个衣衫褴褛的乞丐躲在公园的角落。乞丐每次向人乞讨时都很不好意思,但是很多人冷漠地走开了。斯路肯夫很同情这位乞丐,便决定给他一些钱,但是他伸手翻遍身上所有的口袋,却找不着一分钱。

望着乞丐充满希望企盼的眼神,斯路肯夫很过意不去。他本想大步走开,摆脱这种尴尬,但是他觉得这样做有点不妥,于是便伸出手去,紧紧地握着乞丐那双脏兮兮的手,真诚地说:"真抱歉,我今天出来没有带钱。"

顿时,乞丐的眼中漾起了一种从未有过的满足感,他

顿悟
洒脱的智慧

紧紧地握着斯路肯夫的手,感动地说:"先生,谢谢您。你已经给我施舍了,您不嫌弃我的肮脏和贫寒,您的握手就是对我最大最好的施舍了!"

乞丐并没有从斯路肯夫手中讨得一分钱,可是他却格外感激他,这是因为在别人都冷漠地离去时,斯路肯夫并没有表现出丝毫的嫌弃之意。他发自内心的尊重,让乞丐心生温暖。

尊重是心灵和生命里最珍贵的礼物,最令人温暖和感动,它适合于任何场合。人可以有富足和贫困之分,但人格的高贵不会因为生活的境遇而发生改变。给每一颗心灵以尊严,是我们每一个人都应该做到的。

|002| 少说一些"我",多说一些"我们"

在开口说话时,我们要注意这样的细节,说"我"和"我们"给人的感觉完全不同。

常说"我想""我要"等语,这会给人突出自我、标榜自我的印象,这会在对方与你之间筑起一道防线,形成障碍。亨利·福特二世描述令人厌烦的行为时说:"一个满嘴'我'的人,一个独占'我'字、随时随地说'我'的人,是一个不受欢迎的人。"

相反,用"我们"一词代替"我"来做主语,如将"我建议,今天下午……"改成"今天下午,我们……好吗"则有助于制造彼此间的共同意识,缩短彼此之间的心理距离,对促进人际关系将会有很大的帮助。因为说"我"有时只能代表你一个人,而说"我们"代表的是大家,一种共识——我们是一样的——油然而生,继而引起共鸣。

对此,有一位心理学家曾做过一项有趣的实验。他让

领悟
洒脱的智慧

同一个人分别扮演专制型和民主型两个不同类型角色的领导者，而后调查人们对这两类领导者的观感。结果发现，采用民主方式的领导者，他们的团结意识最为强烈。而研究结果又指出，这些人中使用"我们"这个名词的次数也最多。而专制方式的领导者，是使用"我"字频率最高的人，也是不受欢迎的人。

在听演说家演讲时，我们都会情不自禁地接受他们，被他们的气场所感染，最终被说服。这是为什么呢？仔细想想，你会发现，演说家们很少说"我"，而是常用"我们"这个词语。那些社交经验丰富的人们，也正是因为他们一般很少直接说"我怎么怎么样"，都是说"我们怎么怎么样"。

罗文是一家家具店的老板，说实话他的家具质量、款式等并不是最好的，但是奇怪的是他家的店却是最受顾客欢迎的，令其他家具店望尘莫及。罗文有什么经营秘诀吗？请看一下他是如何推销桌子的。

这天，一位顾客光顾，对罗文说："我想买一种自由折叠，高度可以自动调节的桌子。"罗文立即搬来了一张桌子，热情地介绍起这张桌子的功能。

顾客看了看，不满意地说："我觉得这张桌子款式有些旧。"

罗文微笑着说："在我们大多数人看来确实如此，而且它的结构有毛病。"

"结构有毛病？"顾客追问道。

罗文解释道："是啊，我们现在已经不仅仅把桌子当物品用了，还希望它外表美观大方就像装饰品一样，这张桌子嘛，结构有些简单了。"顾客点点头，罗文却突然猛地一脚踏上了桌子，还用力地踩了踩，然后满意地点点头："我们踩得这么狠都没有问题，看来这桌子挺结实，你说呢？"

顾客再点点头，还用手用力地拍了拍桌子。

罗文轻松地耸耸肩："没关系，买东西不精挑细选的话，我们是会吃亏的。"

顾客笑了起来，脸上露出喜悦的神色，当即买下了这张桌子。

"我们"与"我"，乍一看就差了一个字，但仔细想想，

> **顿悟**
> 洒脱的智慧

还是有很大区别的。"我们"表明说话的人很关注对方，站在双方共有的立场上看问题，把焦点放在对方，而不是时时以自我为中心。在说话时强调"我们"，就会让对方感受到他与你是"命运共同体"，即使不能让别人绝对信任你，但也会让别人情不自禁地愿意亲近和接触你。

事例中，店主罗文和顾客本来是利益矛盾的两个人，但罗文说了很多温暖人心的"我们"的话——"在我们大多数人看来""我们现在已经不仅仅把桌子当物品用了""买东西不精挑细选的话，我们是会吃亏的"。他那颇具亲和力的语气感染了顾客，使顾客感觉两人处于相同的立场上，是可以信赖的朋友，从而做成生意。

试想，罗文如果一味地向顾客吹嘘"我"的桌子有多好多好，即便他所说的很有道理，但是给顾客的感觉依然是为了推销自己的产品，感染不了顾客，甚至还会让顾客产生误解，认定他只是为了个人利益在演戏，产生不信任感。一旦对方不信任你了，你说得再天花乱坠也是枉然。

不要总是以自我为中心，要时刻考虑别人的感受，在与别人商议或讨论问题时，要将"我"以"我们"的方式表达出来。不可避免地要讲到"我"时，要做到语气平淡，既不把"我"讲成重音,也不把语音施长。同时,目光不要逼人,表情不要眉飞色舞,神态不要得意扬扬,态度一定要自然平和。

用"我们"一词代替"我",让听者认为你和他的利益一致,使听者感觉你们处于相同的立场上,进而信任你、支持你、真心倾向于你,这就是"我们"的神奇力量。

> 顿悟
> 洒脱的智慧

|003| 乐于成人之美，也是一种美德

孔子对"君子"有多处论述，其中讲到"君子成人之美"，是说君子应该以慈悲为怀，主动给予他人以无私的帮助，促其成事。成人之美，换成现在的话就是要"助人为乐"，这是做人的道德，也是做人的修养。只为自己着想，从不考虑别人，是一个无情无知的人，最终只会害人害己。

一位富人的女儿患上了一种十分罕见的疾病，看遍了全国所有的名医都没有效果。有一天，富人得知一位外国名医要来他所在的城市考察的消息，他又重新燃起了希望，动用各种关系联系这位名医，但是始终杳无音讯。

一天下午，外面下着大雨，突然有人敲门，富人非常不情愿地把门打开，站在门口的是一个又矮又胖、衣服湿透、样子很狼狈的人。这人说："对不起！我迷路了，我

第二辑
做慈悲的人，云在青天水在瓶

能借用您的电话用用吗？"富人很不悦地说："对不起！我女儿正在休息，我不希望有人打扰她。"说完，便关上了门。

第二天早晨，富人在读报纸的时候，看到一则关于外国名医的报道，上面还附着他的照片。天！他惊呆了！原来那位名医竟然是昨天借用电话的那位矮胖男人，富人后悔莫及。

事例中的这位富人是一个不懂得成人之美的人，正是因为他舍不得借用电话给一个陌生人，而把原本能救助自己女儿的医生拒之门外。而且这个医生还是他千方百计想联系却一直联系不上的人，他有多后悔可想而知。

成人之美，助人为乐，这是立身之本，是幸福之源。

如果我们能够设身处地为别人着想，奉献一己之能，为别人提供方便，那么别人也会对我们慷慨大方，也会设身处地地为我们着想。当我们遇到难处的时候，别人也会为我们提供方便。这就像姜太公曾经说过一句话："天下不是一个人的天下，而是天下人的天下。与人同病相救，同情相成，同恶相助，同好相趋。所以没有用兵而能取胜，没有冲锋而能进攻，没有战壕而能防守。"这意思就是说：

顿悟
洒脱的智慧

我们爱人就是爱己,利人就是利己,助人就是助己,方便别人就是方便自己。

有一个年轻人因为一场车祸去世了,遇到神时,他问道:"在我们的世界里,有许许多多的关于天堂地狱的说法,你能不能让我看一下真正的天堂与地狱有什么区别?"

神见年轻人很真诚,就答应了他的要求。

他们先来到地狱,看见的都是骨瘦如柴、饱受饥饿的灵魂。"为什么他们都这么瘦呢?好像一副没吃饱的样子。"年轻人有些害怕地问神。

"你看那边!"此时,一群灵魂围在一个巨大的锅旁,锅里煮着美味的食物,他们每个人都争先恐后地用勺子盛食物,送到自己嘴边。可是他们手里的勺子太长了,吃到口里的远没有掉到地上的多,人人又饿又失望。

接着,神又带年轻人来到天堂。一群灵魂正在一个巨大的锅旁吃饭,他们手上的勺子也很长,可是人们都是把盛上食物的勺子送到对面人的口中。你喂我,我喂你,他们都能吃饱饭,所以个个脸色红润,身体健康。

看到这个情景,年轻人顿时明白了其中的区别。

静思这个故事，你定会明白，伸出我们的双手，给人以支持，给人以方便，那我们所处的环境就会如天堂般温暖。反之，即使我们身处人间，也会宛如身处地狱般心寒。

一个乐于成人之美的人，内心必然有种种快乐，必定不会轻易侵犯他人。因为在他们的心中，只有友善和爱。他们视帮扶别人为人生乐事，自己也会被快乐包围。正如星云大师所说："滴水可以穿石，细沙可以阻挡洪流，只要常做善事，助人为乐，当然就会'为善常乐'！"

"路径窄处，留一步与人行；滋味浓时，减三分让人尝。"一个人的能力有大小，但是有了助人为乐的品德，就能成为"一个高尚的人，一个纯粹的人，一个有道德的人，一个脱离了低级趣味的人，一个有益于人民的人"。

|004| 有理而不失礼，得理也要饶人

古时候，有个道士擅长下围棋。凡是与别人下棋，总是让人家先走一步。后来他写了首诗："烂柯（引处指围棋，论者引自典故）真诀妙通神，一局曾经几度春。自出洞来无敌手，得饶人处且饶人。"这就是"得饶人处且饶人"的来历，是指做事须留有余地，不要一棒子把人打死，能饶恕的地方就尽量饶恕。

然而，在现实生活中，我们经常可以看到一些人一旦得了理、占了势，就气势汹汹，不可一世，把对方往死里逼，非得逼得对方鸣金收兵或竖白旗投降不可。结果看上去得"理"了，事实上却早已失"礼"，最终使自己走向孤立无援的境地。

马超是某文化公司策划部的成员，他学历高、口才好、思维敏捷，提的策划方案总是能够得到众人的肯定。但马

第二辑
做慈悲的人，云在青天水在瓶

超有一个毛病，那就是做事不给人留余地，尤其是自己有理的时候，非要和别人争出一个一二三来。比如，当同事提出一些较不成熟的策划案时，马超总会毫不客气地横加抱怨，大加指责，有时女同事们能被他说哭了……渐渐地，同事们谁都不喜欢和马超一起工作了。

在马超的观念里，自己这样做并没有什么不对，因为这一切都是"理由充足"。然而，一段时间后，公司组织全体工作人员进行互相评价的活动，并决定提拔得分最高者为新主管。马超是最低分，毫无意外地与主管之位无缘。

面对同事不够合格的工作，马超提出批评理由充足，但是他不留余地、不依不饶，只会给别人留下不可理喻的印象。那么，得理时该怎么办？古人说得好："饶人不是痴汉，痴汉不会饶人。"最好的处理方法是，把心胸放宽一些，得饶人处且饶人，做事留有余地，力争做到恰如其分、适可而止。

一天，位于某商业街的黄金首饰店接待了一位面带怒色、前来投诉的女士。

顿悟
洒脱的智慧

一进门,这位女士就大声吵嚷:"你们太坑人了吧,我前几天刚买的黄金戒指光泽就没了!"顿时,引来了很多人的目光。

见此,经理王先生为了不影响到其他顾客的购物情绪,便客气地领她到大堂顾客休憩区。王先生拿过戒指看了看,聆听了女士的购买过程,微笑着问道:"女士,请问您在哪儿工作?"

"我在化学试剂厂工作,有什么问题吗?"女士火气未消地回答。

"我还想问一下,您平时上班时戴首饰吗?"王先生依旧微笑地询问。

女士白了他一眼,说道:"当然戴喽!"

"以后上班时,您最好不要戴首饰了,因为首饰容易受到化学试剂的腐蚀,这是一个常识。"王先生耐心地给女士讲解。说完,他把这位女士的戒指给技术人员,进行了一番清洁处理,使之恢复原状。

这位女士明白了,不好意思地道歉:"刚才我太性急,还没搞清楚就……"

王先生摆摆手,微笑着说:"哦,您不要这样说。出现这样的问题，都怪我们工作没有做好，如果在销售时我们将金首饰的保养方法详细告诉您，就不会出这样的问题了，我为我们的失误道歉。"

一听这话，女士从尴尬中解脱出来，她走到商店营业厅中央大声地道歉："对不起！打扰大家购买的情绪了，我在这里向你们道歉，也向商店道歉。请你们放心购买这里的金银首饰，这里无假货，而且服务好。"

在接待前来投诉的女士时，王先生懂得有理让三分的道理，他没有因为顾客没有正确地保养戒指、无理取闹就还以颜色，而是始终面带微笑为顾客服务，然后用委婉的语气告诉顾客事实的真相，这样既在众人面前保留住了顾客的尊严，也使顾客意识到了自己的错误，最终满意而去，其德行可见一斑。

由此可见，有理并不在于声音的大小，也不在于言辞是否犀利，而在于人心。当双方处于尖锐对抗状态时，得理者的忍让态度能使对立情绪降温。而且，理直气"和"远比理直气"壮"更彰显风范，更能显示出一个人的胸襟与修养。得理的时候让三分，你就给自己和对方都留了体面。你退一步，对方心中也会感谢你给他留了面子。

　　态度就像是一面镜子，得理不饶人、斤斤计较的人只会照出自己丑陋、狰狞的一面；胸怀宽广、心地坦荡的人就会照出他宽容、慈悲的一面。正所谓："莫把真心空计较，唯有大德享百福。"人人头上有青天，得饶人处且饶人，各自相安无事，自然皆大欢喜。

|005| 口下留情，脚下有路

俗话说，祸从口出。人与人之间原本没有那么多的矛盾纠葛，往往因为有人只图自己一时嘴巴痛快，说话之前不加考虑，总是想到什么就说什么，甚至以尖酸刻薄之言讽刺别人，伤害了别人的自尊，让人下不来台，如此对方心中怎能不生出怒火？

西蒙·考威尔就是这样一个很典型的人，他是美国唱片公司老板、热门选秀节目的评委。他总是口无遮拦地批评选手："你的声音，听上去像一只猫从帝国大厦上跳下来""有的人在这里就是连累整个演出的"……因为出言不逊，西蒙·考威尔被冠上了"毒舌"之名，还多次引起众人的不满和控告，最后不得不退出评委席。

如果细加观察，我们就会发现，很多冲突的导火索就是那一句口舌之争。一旦加上这句话，交谈就变成了吵嘴；一件小事就能发展为一件不可忽视的大事，甚至犯下不可

顿悟
洒脱的智慧

挽回的错误，给生活增加不必要的矛盾和怨恨。

下面的小故事说的就是这个道理。

一辆公共汽车上，一个外地年轻人手里拿着一张地图研究了半天，问售票员："你好，请问去×××应该在哪儿下车啊？"售票员是个年轻姑娘，她撇撇嘴说："你坐错方向了，应该到对面往回坐。"要说这些话也没什么，错了就坐回去呗，但她多说了一句话，"拿着地图都看不明白，还看什么劲儿啊！"

年轻人有涵养，他"嘿嘿"一笑把地图收起来，准备下车。旁边有个大爷可听不下去了，他对小伙儿说："你不用往回坐，再往前坐5站然后换乘374路也能到。"要是他说到这儿也就完了，既帮助了别人，也挽回了本地人的形象，可他又多说了一句话，"现在的年轻人哪，没一个有教养的！"

车上年轻人好多呢，打击面太大了吧！旁边的一位打扮时髦的小姐忍不住了，说道："大爷，没教养的毕竟是少数嘛，您这么一说我们都成什么了！"她这么说也没有错，但她又多说了一句话，"要我说啊，上了年纪的人，表面看着挺慈祥,一肚子坏水儿的多了去了!"

"你这个女孩子怎么能这么跟老人讲话!你对你父母也这么说话吗?"这时,一个中年大姐冒了出来,女孩子立刻不吭声了,可大姐又多说了一句,"得得,瞧你这种打扮也不像规矩的孩子,估计你父母也管不了你!"接着,两人吵成了一团。

到站了,车门一开,售票员说:"车上人这么多呢,你俩都别吵了,赶快下车吧。"这话也没有错,但她也多说一句,"要吵统统都给我下车吵去,不下去车可不走了啊!烦不烦啊!"这下,所有乘客都烦了!整个车厢炸开了锅,有骂售票员的,有骂时髦小姐的,还有骂中年大姐的……

那个外地小伙儿一直没有说话,他大叫一声:"大家都别吵了!都怪我没好好看地图,大家都别吵了行吗?"听他这么说,车上的人很快平息下来。但"多余的一句话"他还没说呢,"早知道你们都这么不讲理,我还不如不问呢!"

结果,整个车厢又炸开了锅。

顿悟
洒脱的智慧

　　说出去的话就像泼出去的水，是收不回来的，所以说话一定要慎重。"三思而后行"，这是古圣先贤留给我们的宝贵经验。这意味着我们在说话之前最好先掂量掂量：说出之后会有什么后果？带给他人怎样的影响？有什么效果？更重要的一点是，会不会伤人？如果伤人，能不能换一种方式说出来？

　　19世纪，英国首相本杰明·狄斯雷利执政期间，有个野心勃勃的军官一再请求狄斯雷利加封他为男爵。狄斯雷利知道此人才能超群，但由于该军官未达到加封条件，对工作负责的狄斯雷利无法满足他的要求，这令该军官觉得很丢面子。

　　一次，这名军官又提出了加封男爵的要求，狄斯雷利知道自己若再次拒绝他会很让人受伤，于是他将该军官单独请到办公室，放低声音说道："亲爱的朋友，很抱歉我不能给你男爵的封号，但我会告诉所有人，我曾多次请你接受男爵的封号，但都被你拒绝了，好吗？"

　　这个消息一传出，众人都称赞这名军官谦虚无私、淡泊名利，对他的礼遇和尊敬远超任何一位男爵。军官不再

第二辑
做慈悲的人，云在青天水在瓶

强求狄斯雷利给封爵，并且由衷地感激狄斯雷利，还成了狄斯雷利最忠实的伙伴和军事后盾。

说话是一件很重要的事情，不会说话办不成事，不会说话就要得罪人。谁都有自尊心和虚荣心，所以，在说话时一定得顾及他人的面子，关注照顾他人的感受，考虑自己说话的方式，做到将心比心，设身处地。本杰明·狄斯雷利就是这样，站在对方的角度考虑事情，从对方的角度出发，尽可能地维护了对方的自尊心，避免了不必要的麻烦。

美国艺术家安迪·渥荷曾经告诉他的朋友说："我自从学会适当地闭上嘴巴后，获得了更多的威望和影响力。"在实际生活中，我们要想让生活少些不必要的烦恼和冲突，就要时刻记住"祸从口出"，说话之前在脑子里多想想，会伤人的话坚决不说，会伤和气的话要尽量温和地说。口下留情，脚下有路，一举多得，何乐不为？

> 顿悟
> 洒脱的智慧

|006| 用倾听表达你的尊重

上帝仅仅赋予了我们每个人一张嘴,却同时给了我们两只耳朵,这是在委婉地告诉我们:要重视倾听。然而实际生活中,很多人只知道表达自己,而不懂得倾听。常常会碰到这样的朋友聚会:一位朋友因春风得意,有些居高临下,满座听他一人高谈阔论,容不得别人插话,结果夺了风光、失了人心。

事实上,人人都有表现自己、表达自己的欲望,都希望获得别人的尊重,受到别人的重视。而倾听所传达的正是一种肯定、信任、关心乃至鼓励的真诚的态度,即便你没有给对方提供什么指点或帮助,也会给对方留下谦虚柔和的印象。

马里兰是他所在朋友圈中最受欢迎的人,无论他走到哪里都很受喜欢,经常有朋友请他参加聚会、共进午餐。

第二辑
做慈悲的人，云在青天水在瓶

当他在生活和事业上遇到困难时，也总有许多人愿意给予他帮助，这令朋友蒙特罗很不能理解。

这天，蒙特罗和马里兰一起参加一次小型社交活动。席间，他发现马里兰正在和一位漂亮的女士坐在一个角落里交谈。蒙特罗还发现，那位女士一直在说，而马里兰好像一句话也没说，只是有时笑一笑，点一点头，仅此而已。他们聊得非常愉快，那位女士还几次主动邀请马里兰一起跳舞。

活动结束后，蒙特罗问马里兰："那个女士真迷人，你们以前认识吗？"

马里兰摇摇头说："今天是我第一次见她，是别人介绍我们认识的。"

"是吗？"蒙特罗明显有些惊讶，"她好像完全被你吸引住了，你是怎么做到的？"

马里兰笑了笑，说："很简单，我只对她说：'你的身材真棒，你是怎么做的？平时是注意保养，还是喜欢健身？'她说她每周都去健身房。'你能把一切都告诉我吗？'我问。于是，接下去的一个小时她一直在谈健身的事情。最后，她要了我的电话，她说和我聊天很愉快，还说很想再见到我，因为我是最有意思的谈伴。"

我们大家可能都有过这样的经历，当自己在说话的时候，是多么希望别人能够真正地认真倾听自己。当有人全神贯注地倾听我们所要表达的内容，用我们的思想和感情去思考时，我们就会感到自己被关注、被重视，而对对方产生好感，愿意与之交往下去。

伊萨克·马克森应该是最称职的记者了，他曾经对很多名流作过专访。他说："许多人不能给人留下很好的印象是因为不注意听别人讲话。他们太关心自己要讲的下一句话，以至于不愿意打开耳朵……一些大人物告诉我，他们喜欢善听者胜于善说者，但是善听的能力似乎比其他任何物质都要少见。"

古诗曰："风流不在谈锋胜，袖手无言味最长。"倾听是一种理解和接纳他人的高尚人品，是一种谦和大度的做人修养，也是说服别人、赢得人心的好方法。无论你才情多高，请学会倾听别人；无论你能力多强，请懂得倾听别人。

不过，真正有效的倾听不仅仅是耳朵的简单使用，还要眼到、嘴到、心到。倾听时心不在焉、神情恍惚,或者是不耐烦地东张西望,或者是机械地摆弄自己手里的物品等,都不是倾听的智慧,甚至称不上是倾听。要想有效倾听并不难办,你需要掌握一定的倾听技巧,并不断地进行自我修正。

1. 保持良好的精神状态

良好的精神状态是倾听质量的重要前提,因此你要努力维持大脑的警觉,使大脑处于兴奋状态,聚精会神、全神贯注地聆听,而且思维要紧跟对方的诉说。如果你是在一个喧哗嘈杂的房间里和人谈话,你应当想方设法地让对方感觉到只有你们两人在场,尽量不要让其他的人或事分散注意力。

2. 适时适度地做出反馈

谈话时,应善于运用自己的姿态、表情、插入语和感叹词以及动作等,及时给予对方呼应。比如,如果明白了对方诉说的内容,要不时地点头示意;如果没有听懂或记住重点表达,可以用自己的语言重复对方所说的内容;还可以适时适度地提出问题。这会让说话者感到你理解他所说的话,能够给讲话者以鼓励,有助于双方的相互沟通。

3. 一定要有足够的耐心

在倾听过程中，一定要有足够的耐心。这体现在两个方面：一是当对方说话内容很多，或者由于情绪激动等原因，语言表达有些零散甚至混乱，要鼓励对方把话说完，自然就能听懂全部的意思了；二是别人对事物的观点和看法有可能是你无法接受的，你可以不同意，但应试着去理解别人的心情和情绪。不要随意打断别人的话语，或者任意发表评论。

总之，倾听是一种尊重别人的礼貌，是对讲话者的一种高度赞美。倾听能使别人喜欢你，信赖你。就像一位作家所说："倾听意味着对别人的话持精神饱满和感兴趣的态度。你应像一座礼堂那样倾听，因为在那里，每一个声音都更饱满、更丰富地回响。"

第四章　接纳不完美的自己，包容不完满的人生

生活总有不完美之处，总有不如意之事。古今文人墨客们用自己的一腔愁绪，满心无奈地将人生的缺憾化诸笔端。苏东坡低诉："人有悲欢离合，月有阴晴圆缺，此事古难全。"南宋方岳浅吟："不如意事常八九，可与语人无二三。"慈悲，不仅是对他人，更是对自己。接纳自己的不完美，包容人生的不完满，同样是慈悲之人该有的襟怀。

|001| 对必然之事，轻快地加以承受

荷兰阿姆斯特丹有一座15世纪的老教堂，它的废墟上留有这样一行字："事情既然如此，就不会另有他样。对必然之事，且轻快地加以承受。"语句虽然简短，但是道理却很深刻：有生之年我们势必会遇到许多不快，它们

顿悟
洒脱的智慧

是我们无法选择也无可逃避的,这时我们只能学会接受它们。

接受必然发生的事实,好好地把握现在,这是克服任何不幸的第一步。

小提琴上的A弦断了,演奏还能继续吗?在这种情况下,一般演奏者会停下来,换一把提琴再演奏。如果不巧找不到一把适用的小提琴,那么这支曲子也就只好到此为止。不过,世界著名小提琴家欧利·布尔告诉我们"就算弦断了,也要把曲子演奏完",当然这也缔造了他的成功。

一次,欧利·布尔在法国巴黎举行了一场万人瞩目的音乐会。当时欧利·布尔演奏得非常投入,饱含深情,听众们也听得很入神。不料突然发生了意外状况:一首曲子还未演奏完,小提琴上的A弦却断了。

面对突如其来的意外,周围的人异常紧张,他们不知道欧利·布尔该如何"收场"。如果处理得不好,就可能影响到整场音乐会,甚至影响到欧利·布尔日后的音乐生涯。就在"知情人"焦虑和观望的时候,欧利·布尔却丝

第二辑
做慈悲的人，云在青天水在瓶

毫没有在意那根断了的A弦，他从容不迫地继续演奏了下去。

当欧利·布尔演奏完毕后，整个音乐厅回响热烈的掌声。后来，有记者采访欧利·布尔时问及此事，欧利·布尔淡淡一笑，回答道："要不然怎样呢？难道我就不继续演奏了。这就是生活，如果你的A弦断了，就用其他三根弦把曲子演奏完。"

A弦断了，这对任何小提琴手来说都是一件糟糕的事。试想，如果欧利·布尔沮丧并自暴自弃地说："完了，我真倒霉，这可怎么拉下去啊！"那么他就真的完了，不仅会影响到音乐会的效果和自己的前程，而且还会陷入抱怨和诅咒命运的怪圈，让自己的情绪低落。

不管什么时候，在什么场合，发生了怎样尴尬或难以解决的事，不要抗拒，不要逃避，学着面对它，接受它，然后想办法去改变它，而不是随波逐流，任由事态肆意发展，那么此时也就是不幸开始离去之时。正如美国哥伦比亚学院院长赫基斯所说："如果一个人能够把时间花在以一种很超然、很客观的态度去看待既定事实的话，他的忧

顿悟
洒脱的智慧

虑就会在知识的光芒下，消失得无影无踪。"

你也许以为自己办不到，但你要意识到我们内在的力量坚强得惊人，它可以强大屹立如山，遇风雨而不倒，那么也就完全可以自若地用断弦缔造出一场无人能及的完美演出。要培养自己这样的个性是不容易的，因为它需要克服恐惧，斩断悲观，更需要内心有一股淡定自信的力量，活在当下。

塔金顿是美国的一位著名小说家，他常说："我可以忍受一切变故，除了失明，我绝不可能忍受失明。"可是在他60多岁的时候，有一天他扫视了一下地上的地毯，竟发现自己看不清地毯的颜色和图案。去医院检查，医生告诉他一个不幸的消息：他的视力正在减退，其中一只眼已几近失明，另一只的情况也很糟糕。

最恐惧的事发生了，塔金顿对这巨大的灾难会如何反应呢？他是否觉得"完了，我的人生完了"？完全不是，他知道自己无法逃避，所以唯一能减轻痛苦的办法，就是爽爽快快地去接受它。为了恢复视力，塔金顿在一年之内做了12次手术。而且他没为这事烦恼，他还会努力鼓励

第二辑
做慈悲的人，云在青天水在瓶

病友们振作起来。眼球里有黑斑浮动，会挡住塔金顿的视线，当有人问他是否感到不便时，他还因此发挥了一把幽默："当它们晃过我的视野时，我会说'嗨！天气又这么好，你要到哪儿去'。"

如此乐观的人，还有什么灾难不能克服？塔金顿说："正如别人能够承受所遭受的不幸一样，我也能坦然直面我的失明。即便我的五种感官全部丧失了功能，我还可以靠思想生活。这件事教会我如何忍受，而且使我了解到，生命所能带给我的，没有一样是我能力所不及而不能忍受的。"

心理学家阿佛瑞德·安德尔说过："人类最奇妙的特性之一，就是把负的力量变成正的力量。"塔金顿的个性正是如此，遭遇了让自己最恐惧的事，而他却没有逃避，没有抗拒，平和地接受了无法改变的现实，想到的是如何从这种不幸中脱离出来，如何改变自己的命运，进而享受到了生命的乐趣。

"天穹之下疾病多，有的易治有的难。有治就把良方寻，无治不必硬勉强。"是的，许多的经历，我们是无法

顿悟
洒脱的智慧

逃避的，也是无所选择的。接受不可避免的事实，积极进行自我调整，才能使糟糕的事情变得柳暗花明，才能掌握好人生的平衡，才能最终改变自己的命运。

|002| 用理性的方式面对他人的无理诽谤

我们几乎都有过遭人言语攻击的经历，面对攻击时，我们原来的心理平衡被打破，不免会情绪急躁，大动肝火，有时甚至会和别人争得面红耳赤、大打出手。结果呢？争辩只能是越抹越黑，让别人的看法左右了自己；动手则大多是两败俱伤，彼此间感情恶化，自己也很难有好心情，这又何必呢？

关于争执的恶果，生活中就曾发生多起真实的事例。比如，有一位年轻人本来各方面都很优秀，就是个性太好强、性格太固执。有一天，一个朋友说他没有能力，没有志气，只能靠父母养活，是一个"寄生虫"。这明显是一种攻击行为，这位年轻人一听极为愤怒，动手打了朋友，结果因故意伤人罪进了监狱，毁了大好前程。

其实，在面对别人的有意攻击时，我们与其情绪激动地反唇相讥，与人争斗，不如温和一点，宽容一点，坦然

顿悟
洒脱的智慧

自若地去面对。这样既能和风细雨地化解矛盾，又能维护好内心的平衡，避免恶性结果的发生，何乐而不为？

从前，有一个叫吴智的人很瞧不起僧人。一次，他在大街上恰好碰到了一位老和尚，于是用尽各种方法讥讽、嘲笑老和尚。但是老和尚好像没听见似的，只是微微一笑，并不反击也不多言。

旁人有些看不过去，纷纷替老和尚抱不平，并不解地问老和尚为什么对吴智的侮辱无动于衷，始终心平气和。老和尚轻轻一笑，回答道："他是病人，我是医生，我要笑着面对。我可以深深记得，他为什么情绪如此激烈……因为他所感受到的痛苦必然比我所感受到的他的愤怒来得百倍之多。"

老和尚顿了顿，对吴智说："你能够再说多一些吗？"

吴智一下子变得面红耳赤，灰溜溜地走了。

"他是病人，我是医生，我要笑着面对。"这就是老和尚的自解之道，这是一种精神胜利法。文学大师拜伦说："爱我的我抱以叹息，恨我的我置之一笑。"他的这一"笑"，真是洒脱极了,有味极了。笑容通常被人们认为是不败的象征,在他人嘲讽、恶意中伤你时,笑容是化解尴尬,使你立于不败之地的有力武器。

退一步说,有的人攻击你,很大程度上是因为你比他优秀,能力比他强,他之所以攻击你,是因为心理不平衡,吃不到葡萄说葡萄酸。因此,嫣然一笑、视若不见、充耳不闻,使这种攻击行为伤害不到你、拖不垮你、拉不倒你、挡不住你,做自己应该做的事情。他望尘莫及时,只能欣赏你。

由于工作出色,何姿进入公司不到三年就被领导提拔,从一个普通会计晋升为组长。遇到这样的好事情,何姿心里自然是美滋滋的,上下班路上都哼着小曲。但是,很快,这种好心情就被破坏了。原来,有一个老员工面对何姿的升职心理不平衡,觉得凭什么这么好的机会让资历尚浅的何姿"捡"了,并因此对何姿态度尖刻,说话很不客气,有时还夹枪带棒,暗讽何姿是通过不正当手段得到的升职。

听到这些,何姿很是气愤,但是理智控制了情感。办

顿悟
洒脱的智慧

公室就几个人,她也不想搞得很僵。并且发生争执,也不利于自己开展工作。于是,每当同事再对自己风言风语时,何姿都是嫣然一笑,继续埋头工作。

就这样,何姿顶着被否定的心理压力,不断地提高自己、完善自己,工作成绩越来越好,又一次次得到了领导的表扬。时间久了,这位同事也觉得何姿的工作能力的确比自己高出不少,也便不好意思再说什么了。

"清者自清""身正不怕影子斜",只要我们端正自己的心态,温和宽容地对待攻击者,那么不管别人怎么攻击,都影响不了我们的情绪,更左右不了我们的生活。

把心放宽一点,学着不计较吧!当你学会用理性的方式迎战他人的攻击,不因他人的无理取闹而乱了方寸,也不为他人的荒唐攻击而大动干戈时,你会发现,别人的无理攻击与诽谤都会在你的柔性对抗之中无用武之地,你的涵养与努力也会为你赢来更多的赞誉和成就。

|003| 敢于承认极限，不做力所不能及之事

人，无论做什么事情，都必定有他的极限，必定有他的承受能力，也必定有他能达到的最高高度。可惜有些人不懂得这个道理，为了标榜成功不承认极限，时刻都想拓展自己的空间，展示自己的才华，辛苦费力地做无能为力、力所不及之事。

一天，森林中举办比"大"的比赛，一头老牛走上擂台，它的身躯庞大，动物观众们高呼："大。"大象登场表演，它只跺了跺脚，动物们就高呼："大。"这时，台下的一只青蛙不服气了："哼，难道我不大吗？"它"嗖"地跳上擂台，拼命鼓起肚皮，高喊："我大吗？"台下传来一片嘲讽之声："不大。"青蛙不服气，继续鼓肚皮。结果"嘭"的一声，它的肚皮鼓破了，一命呜呼。

> **顿悟**
> 酒脱的智慧

这个故事启迪我们：明知不可为而强为之，这是愚蠢和贪婪。

的确，生活在竞争激烈的时代，我们要取得优势就该将自己的目标定得大些，高度定得高些。但是，追求的目标过大，锁定的高度过高，而自己又不具备相应的能力和实力时，不可为而为之，只会在成功路上屡屡摔跤，落得人事两空。

美国教育家里维斯博士写过一个寓言故事《动物学校》，大意是：为了应对自然界的种种挑战，动物们创办了一所超级技能学校，鼓励让所有动物精通奔跑、游泳、爬树和飞行等生存技能。为此，鸭子不得不学习跑步，兔子不得不练习游泳，松鼠不得不练习飞行……结果它们个个都严重受伤，考试不及格。

看到鸭子学跑步、兔子学游泳、松鼠练飞翔……是不是很滑稽，但你可能就是其中一员。比如，你现在是一个技术型的员工，不懂管理，但你却一心想往行政职务上升迁，那么即使你再努力，进步也是非常慢的，很难得到公司的提拔。即使你真的有幸被提拔成管理人员，你的能力也很难做出理想业绩，迟早还会退下来。

第二辑
做慈悲的人，云在青天水在瓶

诚然，每个人都渴望创造一番伟大的成就，但是林肯说过一句话："自然界里喷泉的高度不会超过它的源头。"了解和承认自己的能力和局限，做自己能做的事，量力而行，恰到好处，当行则行，该止则止，才能使有限的生命发出适度的光芒，从而为自己的心灵带来幸福和满足。

有一位登山运动员，他曾经有幸参加了攀登珠穆朗玛峰的活动。珠穆朗玛峰最高海拔为8848.86米，当爬到海拔6400米的高度时，他因为体力不支便停了下来，果断下山了。事后，许多朋友都替他惋惜，说已经走了四分之三的路程了，如果他能咬紧牙关挺住，再坚持一下，再攀登那么一点点就上去了。

没想到这位运动员却不以为然，他轻轻一笑，十分平静地说："不，身体已经告诉我，6400米的海拔高度已经是我登山生涯的最高点。如果我再攀登的话，可能就会丧命呢。我已经尽力了，所以对此我一点都不会感到遗憾。"

对于这位登山运动员来说，6400米就是他的极限和最大的承受能力，他懂得保存自己的实力，做自己能做

> 顿悟
> 洒脱的智慧

的事。谁又能说，这不是真正的英雄呢？做自己能做的事，只要用尽全力，用尽所能，自己问心无愧，就没有遗憾。

罗曼·罗兰在其著作《约翰·克利斯朵夫》中借用主人公之口说了一段精彩的话："如果不行，如果你是弱者，如果你不成功，你还是应该快乐。因为那表示，你不能再进一步，干吗你要抱更多的希望呢？干吗为了你做不到的事悲伤呢？一个人应当做他能做的事……竭尽所能。"

做自己能做的事，怀揣标尺上路，让它既督促我们不懈攀登，又提醒我们恰到好处则戛然而止，这并不是放低要求，也不是无所追求，更不是虚度人生，而是一种理智的清醒，是一种务实的智慧，是可贵的脚踏实地。

在实际生活中，办企业可以获得成功，进行金融投资也可以获得成功，他们的成功来自对自己实力的了解和把握；办企业的人没有去炒股，或者投资房地产，那是因为他知道自己的能力范围是办企业，其他的领域就在他极限范围之外了；进行金融投资的人没有去办企业，那也是因为他们只做自己能做的事。

当你对某件事情力不从心、步履艰难，甚至倍感失意的时候，请先静下心来检视自己：是否在做自己无能为力的事？如果答案是肯定的，如果你足够聪明，就应该学会选择；如果你足够勇敢，就应该学会舍弃，悠然"下山"去。

顿悟
洒脱的智慧

|004| 最高级的接纳，是爱上不完美的自己

在生活中，你为什么过得不安心，甚至活得痛苦？不妨先检讨一下，你是否存在这样的想法："我的个子为什么不够高？""我的鼻子不够挺拔，眼睛也小了一点"……这种觉得自己这也不行、那也不好的自卑想法，往往会将人推向完美主义的自虐，或暴躁地烦恼，或压抑地消沉。

为什么会出现这样的后果？这是因为你忽视了一个最基本的现实，那就是"金无足赤，人无完人"。大千世界找不到一个完美无瑕的人，每个人身上都有缺点或是不足，我们永远不可能成为一个完美的人，苛求自己完美的愿望永远不会实现。追逐不会实现的愿望，结果只会是失望。

欧洲曾在瑞士举办了一次"最完美的女性"研讨会，与会者们一致认为：最完美的女性应该有意大利人的头发，埃及人的眼睛，希腊人的鼻子，美国人的牙齿，泰国

人的颈项，澳大利亚人的胸脯，瑞士人的手，中国人的脚，奥地利人的声音，日本人的笑容，英国人的皮肤，法国人的曲线，西班牙人的步态……所有这些还是不够的，完美女性还应有德国女人的管家本领，美国女人的时髦装束，法国女人精湛的厨艺，中国女人醉心的温柔……然而，即使上帝重新造人，也不可能集这些优点于一人身上。因此，与会者达成的共同的结论是：真正完美的女人根本不存在。当然，男人也是一样。

为什么不喜欢自己？为什么讨厌自己？缺陷和不足人人都有，作为独立的个人，正是不完美使你区别于他人，使你显得不平庸。你就是你，你是独一无二的，你同样是上天创造的杰作，世界也因你的不完美而多了一点色彩。我们要像树叶一样，既然生长出来了，每天还是要在阳光下进行光合作用，这样我们的生命才能精彩。因为每片树叶，也有自己的特点，是别的树叶无法替代的。

不要求自己成为一个完美的人，而要努力爱上那个不完美的自己。爱不完美的自己，就是用自己特有的形象装点这个丰富多彩的世界。不知道你有没有发现，很多有魅力的人也并不是很好看，也根本称不上完美，但是他们身

顿悟
洒脱的智慧

上都有一种很引人注目的东西,那就是自信的气息。

丑女贝蒂满嘴牙箍,身材肥胖,打扮土气。在她刚进入一家时尚杂志公司时,所有人都躲避她,所有人都嘲笑她,就连上司也讨厌她,每一次讨论工作总是命令她离自己一丈开外。但是她并没有因此自卑,而是每天都带着最灿烂的微笑,每天都满腔热情、快乐自信地工作着。

贝蒂告诉自己的同事:"我是丑女,我没有精致完美的长相,没有又翘又浑圆的臀部,但是命运给了这无法改变的瑕疵,与其对其耿耿于怀,不如坦然接受。我觉得女人必须对自己感到满意,尤其是不完美的自己。"尽管不时受到同事的嘲弄和陷害,但贝蒂那坚强的性格和聪明的才智使她常常化险为夷,最终她不仅赢得了所有同事的喜爱,也成了上司欣赏的人。

一个人身上有没有缺陷和不足并不重要,重要的是自己敢于接受并正确面对这个事实,学着接受自己的缺陷和不足。容许自己不完美,你就会更满意自己,更爱自己。爱自己的人更自信,更有力量和勇气追求有意义的东西,无疑这是一个良性循环。

难道那些伟人果真那么十全十美、无可挑剔吗？绝非如此。任何人总有其优点和缺点两个方面，不完美伴随我们每一个人从生到死。有些人之所以表现得优秀，在于他们看到了自己的缺点，实事求是地对待自己的缺点，并且拿出勇气去革新和突破自己，努力将劣势转变为优势。

京剧大师梅兰芳少年时期被别人认为资质太差，天生不是唱戏的料子。的确是这样，戏剧最能传神的就是眼睛，但梅兰芳偏偏是个近视眼，两目无神；好的戏曲演员要有"余音绕梁，三日不绝"的好嗓子，但梅兰芳的嗓子不响亮。更糟的是，他脑子反应慢，记东西慢、学东西慢，这更是学戏的障碍。

不过，梅兰芳并没有放弃戏剧，他决定一一克服这些缺陷。为此，他天天练眼神，练得时间久了就泪流不止，非常难受；为了练嗓子，梅兰芳每天早上六点钟就起来吊嗓子；至于脑子反应慢，只有反复练、反复唱，梅兰芳给自己下了规定每一句非要练上30遍不可。

梅兰芳坚持不懈，一练就是十多年，终于弥补了先天

顿悟
洒脱的智慧

的缺陷。他的眼神、台步、指法，一举一动，不仅姿势美观，而且与剧中人物的思想感情浑圆周密，融于一体；他的唱腔，悦耳动听，清丽舒畅；许多唱、念、做、打的繁难功夫，一经他来演绎就显得那么驾轻就熟，得心应手。一代京剧大师就这样诞生了。

看到了吧，缺点并不可怕，缺点越多越代表我们有更多需要完善的地方，欣赏自己的不完美，并将它转化成动力，不断完善自我，这才是最重要的。想来，正是缺点成就了梅兰芳的伟业，是先天的不足让他更加努力。如果没有这种刺激，他还能以超乎寻常的毅力改造自己吗？也许会，但效果或许有限。

奥黛丽·赫本，这位好莱坞的著名电影明星，她的身材并不完美，平胸、清瘦，手足细长，但是，她散发出来的气质让人觉得她就是一个完美女人。这是因为，奥黛丽本人对于自己的外表没有太多苛求，她说："每个人都有缺点和优点，将优点发扬光大，其余的就不必理会。"这一观点值得我们每一个人借鉴。

所以，不完美的一面也是生命的一部分，我们真没必

第二辑
做慈悲的人，云在青天水在瓶

要因为自己比别人个子矮而自卑，也没必要为自己身材不够美而气愤不已。正视自己的缺点，改变能改变的，完善能完善的，接受不能改变的，如此我们才不会被缺点拖累，而且能使自己越来越接近完美，进而获得安然自得的生活姿态。

顿悟
洒脱的智慧

|005| 成熟的爱情观，从接受遗憾开始

爱情是情感的归宿，也是我们在心中编织的一个美丽的梦。这个梦是完美无缺的，却往往因现实的撞击而充满遗憾。有时，你苦苦追求，却还是没有机缘；有时，你苦苦思念，却还是不能执手相牵；有时，你们明明相爱，却只能在擦肩而过中渐行渐远。

面对情感上的遗憾，不少人会伤痛万分，将"遗憾"两个字挂在嘴边，刻在心上，一遍一遍地问天问地。结果呢？不仅折磨了自己的精神，辜负了美好的生活，还有可能阻断了追求真爱的路，错过真正的爱人，何必？

要知道，世上有很多事可以求，唯独缘分是难求的。感情是一份没有答案的问卷，苦苦追寻并不能让生活更美好。学着看淡一点，接受一些遗憾，宽恕一些遗憾，也许有一点失落或一丝伤感，但它会让这份答卷更圆满。

第二辑
做慈悲的人，云在青天水在瓶

弗朗西斯卡是美国艾奥瓦州一农夫之妻，她贤淑、善良，和丈夫、一对儿女在自己拥有的农场里过着单调而平静的日子，既没有特别令人揪心的事，也没有令人激动万分的事。这种状况一直延续到她遇到罗伯特·金凯为止。

罗伯特·金凯是位天才摄影家，一个夏日，他来到弗朗西斯卡所在的农庄附近，他想拍摄当地一座颇有历史的廊桥——罗斯曼桥。在偶然间，弗朗西斯卡成了罗伯特的领路人，当时正巧丈夫和儿女不在家，时间和空间为这对中年人提供了滋生爱情的条件。在短暂的四天时间里，弗朗西斯卡和罗伯特·金凯迅速坠入爱河当中。他们一起到廊桥去拍摄美丽的风景，他们一起吃着烛光晚宴，他们一起就着音乐翩然起舞……总之，他们忘记了一切，共沐爱河。

然而，罗伯特·金凯的工作性质注定他云游四海、漂泊四方，不可能像普通人那样过居有定所的生活；弗朗西斯卡还有自己的丈夫和儿女，她也不可能为了他抛弃这一切。最后罗伯特·金凯带着遗憾走了，然而双方自此留在了彼此的心中。年复一年的缠绵思念，刻骨铭心，凄婉绝伦……

顿悟
洒脱的智慧

这就是著名电影《廊桥遗梦》讲述的故事，世间最大的悲剧莫过于两个相恋的人不能牵手一生一世，但是正因为有了遗憾，那份情意才越发显得弥足珍贵，既浸入骨髓又超然永恒，感动了千千万万的观众。

苦苦追求却没有机缘，苦苦思念却不能执手相牵，这种遗憾并不可怕，可怕的是不放弃遗憾，终身为遗憾所累。智慧的人总会在遗憾的时候静下心来，平复和化解心中的遗憾之殇，细细地品味遗憾之美，如此深深的痛苦就不会光顾心房，而且悲壮之余会有更深刻的感悟，情感在心里会是圆圆满满的。

事实上，许多感情从开始到结束不管结果如何，只要有过那种让自己心灵为之震动的感觉，这本身就是一种财富，一种生命中厚重的拥有。

1920年秋，在风景如画的伦敦康桥，徐志摩结识了林徽因，他们畅谈理想，纵论人生，在文学艺术的天堂里徜徉交心。思想上的沟通、感情上的融合以及对诗情的理解使两颗年轻的心不断靠拢，徐志摩燃烧的眸子里写满了

第二辑
做慈悲的人，云在青天水在瓶

对林徽因的眷恋。面对徐志摩的主动追求，林徽因不是没有动心，她惊惶，喜爱，羞涩，愉悦。

但是阴差阳错，命运终是没有笑对徐志摩，林徽因后来跟建筑界的才子梁思成成婚了，因为徐志摩那时候还没有和妻子张幼仪离婚，林徽因那般高贵，自然不会将这段看似才子佳人的爱情故事演绎下去。不过，林徽因自此成了徐志摩心中永远的完美女神，而林徽因对徐志摩则是比真正的爱情少一点点，比纯粹的友情又多一点点。两人互相关心和理解，尤其在文学上更是经常切磋。

"我将在茫茫人海中寻访我唯一之灵魂伴侣。得之，我幸；不得，我命。"这可以说是悲情诗人徐志摩为自己短暂的一生所写下的注脚。徐志摩和林徽因只有灿烂的爱情而没有停泊的归宿，但这种无法真正言明的感情刻骨铭心。也正因为诗情和激情的幻变，才孕育出了热爱"爱和自由和美"的浪漫才子徐志摩。

有过情感遗憾的人，必定是感觉到深切痛苦的人。这样的人付出过最真的心，也必定真实地活过。是的，美丽的爱情有写不完的遗憾，不过爱情不会因遗憾而缺失本有

顿悟
洒脱的智慧

的心灵温暖、灵魂悸动，它依然可以是一段美好的时光、一段温馨的记忆。接受遗憾的爱情吧，让它以一种别样的美丽开放在我们心里："一个是太阳，一个是月亮，太阳月亮从不厮守，但谁不说它们天长地久！"

|006| 错过,让你遇见人生别样的美丽

跋涉于漫长的生命之旅中,每个人都无法将一路的美景尽收眼底,我们总会不可避免地遇见一些错过。比如,错过了绚烂的朝霞和夕阳,错过了青春年少的创业资本,错过了使事业走向高峰的机会,错过了……虽然错过是一种令人伤感的遗憾,但是错过能使我们看清自己,认清方向而拓展生命宽度,成就人生高峰。

从前,一位热爱旅行的人听说一个遥远的地方景色绝佳,于是他决定不惜一切代价也要找到那个地方,一览秀色。经历了数年的跋山涉水、千辛万苦后,他盘缠已经用光,身心已相当疲惫,但目的地依然遥遥无期。

这时,有位智者给他指了一条岔路,告诉他美丽的地方很多很多,没有必要非要去那个地方不可。旅行者按智者的话去做了,不久他就看到了许多异常美丽的景色。他

顿悟
洒脱的智慧

赞不绝口，流连忘返，庆幸自己没有一味地去找寻那个传说中的美丽的地方。

人生总是有得有失，已经错过了就错过，也许得到它并不是最明智的选择，有时候错过才有意想不到的收获，遇见别样的美丽。西方也有一句谚语同样表达了这样的情景：上帝在关上一道门的同时，也会打开另一扇窗户。

错过并不等于失去，错过并不一定是遗憾，有时甚至可能是圆满。

还有这样一则故事，说是一位教授没有被心仪的大学成功聘用，于是他回到乡下开始了田园生活，种种菜，养养鸡鸭，享受着最自然的风光。错过了城市的亮丽多彩，错过了城市里有滋有味的生活，而去乡下体验农家的快乐，"采菊东篱下，悠然见南山"。这是何等的诗意、何等的自由，而这又何尝不是一种美好呢？

的确，当你错过了进剧院的时间，但在剧院门口外，你遇到了多年不见的好友时，你还会叹息这次的"错过"吗？当你在雨天错过了一辆公交车，你也许会懊悔，但如果因此你买到了久访不得的书籍时，你还会怨恨这次的

"错过"吗？"错过"编织了我们人生的经纬网，见证着我们斑斓多彩的生活，难道不是吗？

昙花错过了与白天的相聚时光，选择在黑夜中释放它的光芒，于是就有了黑夜里蓦然出现的一方娇艳；梅花错过了与春天的温馨约会，选择在凛冽的寒风中开放，于是就有了在冰天雪地里一株株灿然开放的梅花的孤高身影……有时候，错过是一种选择，也是一种智慧。

因此，不要为错过而惋惜，不妨大气地接受这份不完美。或者，把它理解成一种提醒，为了不错过更多而奋力前行。最后，你可以说："虽然错过了太阳，但我遇见了月亮和群星。"

第三辑 做智慧的人，行云流水是人生

人需要一些智慧。有智慧的人，心态平和、内心宁静，能以一颗包容之心看待万事万物，并善于用"第三只眼睛"去发现平凡生活中的幸福，为自己选择了一种行云流水、快意自适的生活。

第五章 平静心灵，活出自在从容

漫漫红尘中，我们需要保持一颗平静的心灵，心平气和、安然淡定。将这种感觉常驻于心，那么无论我们走到哪里，做什么事情，心中总会有一片碧海青天。静心是清明，静心是觉悟！从心出发的静修之旅，成就了我们包容万物的智慧，也使内心得以真正的安宁。

|001| 心静，则世界安宁

一位心理学专家曾问："什么是人生美事？"人们大都列出一张清单：权力、美貌、健康、才华、爱情、财富……心理专家摇摇头，开出一剂"良药"——保持心灵的宁静，并叮嘱道："没有它，上述种种都会给你带来极大的痛苦！"

当今社会压力重，诱惑多。如果没有良好的心态，就会加重生命的负担，加速心灵的浮躁，终使自己心力交瘁、

顿悟
洒脱的智慧

迷惘躁动，而与豁达康乐无缘。

俗话说，世上本无枷，心锁困住人。检查一下生活，相信会发现许多例证：没有恋人想恋人，结婚以后吵闹，甚至要离婚；没有子女想子女，有了子女累老人；没有权力想权力，有了权力宠辱皆惊；没有钱想钱，钱多了又担心……这样下去，何来安然可言？

一日天气酷热，唐朝诗人白居易前往拜访恒寂禅师，却见恒寂禅师正在房间内很安静地坐着。白居易就问："禅师，这里好热，怎不换个清凉的地方？"

恒寂禅师说："我觉得这里很凉快啊！"

白居易深受启发，于是作诗一首："人人避暑走如狂，独有禅师不出房。非是禅房无热到，为人心静身即凉。"

慧能禅师曾说："不是风动，不是幡动，仁者心动。"意指：心静，周围乱也变静；心乱，周围静也乱。世间万物皆有心，天有天心，天心静，则万籁俱寂，幽然而静美；人有人心，人心静，则心若碧潭，静如清泉……

我们的心时时刻刻受到外部世界的冲击，若想做智慧

第三辑
做智慧的人，行云流水是人生

之人，过行云流水的生活，就要使心安住于平静的状态。心静是心安的起点，一念心清净，处处莲花开。

有一人问智者："我每天前来礼佛，自觉心灵就像洗涤过似的清凉。但是奇怪的是，我一回到家，心就烦乱了。请问我该怎么办呢？"

智者反问道："在回答之前，我想问，花朵如何保持新鲜呢？"

这人答道："很简单，保持花朵新鲜的方法莫过于每天换水，并且在换水时把花梗剪去一截，因花梗的一端在水里容易腐烂，腐烂之后水分不易被吸收，就容易凋谢。"

智者笑了笑，说："想要保持一颗清净的心，其道理也是一样，我们的生活环境像瓶里的水，我们就是花。唯有心静一点，不断地忏悔和检讨，改进陋习和缺点，不停地净化身心，我们才能不断吸收到大自然的营养。"

无论外界如何变幻，让自己的心静一点，再静一点，留给自己一方安宁的晴空、一隅思索的空间，最容易达到"致虚极，守静笃"的境界。这种精神修养与心理上的抗

顿悟
洒脱的智慧

干扰能力有着绝对关联，它无法馈赠和积存，只有靠个人去培养、体会。

它需要我们时常去观照自己的内心，拷问自己：是不是对声色欲望过于执着，是不是固执己见，如此慢慢摆脱错误的贪恋，清净内心的世界。不管外界多么繁乱，内心依旧清净安详，这就是定力。

|002| 凡事不必强求，学着顺其自然

人生不如意之事十有八九。当被不顺心的事情纠缠时，很多人会产生郁闷、焦虑、激愤等情绪，心有滞碍，甚至备感无所适从。这时候，与其纠结不休，不如选择顺其自然。

花在开谢时随着季节转换，水在流淌时依据地势变化，树在摇摆时顺着风的方向，它们都懂得顺其自然的道理，所以它们是快乐的。让很多事顺其自然，你会发现你的内心渐渐清朗，思想也会减轻许多负担。

冬去春来，草地呈现一片枯黄之状，很是难看。小徒弟看不过去，就对师父说："师父，快撒点种子吧！"师父挥挥手说："不急，等天暖，随时！"过了几天，师父买了一包草籽，叫小徒弟去播种。

不料，一阵风起，虽然草籽撒下去不少，但也吹走不

顿悟
洒脱的智慧

少。小徒弟既着急,又苦恼地说:"师父,好多草籽都被风吹走了!"师父回答:"没关系,被风吹走的都是空的,即便撒下去也发不了芽。担什么心呢?随性!"

草籽撒上了,一群小鸟飞来了,在地上专挑饱满的草籽吃。小徒弟急忙把小鸟们都赶走了,然后向师父报告说:"不好了,撒下的草籽都被小鸟吃了!"师父慢悠悠地说道:"没关系,种子多着呢,吃不完,随缘!"

结果,半夜时又来了一阵狂风暴雨,把地上的草籽冲走了。小徒弟急匆匆地叫醒师父:"师父,不好了,草籽被雨水冲走了!"只见师父只是翻了翻身,淡淡地说道:"冲就冲吧,不用着急,草籽冲到哪里就在哪里发芽,随遇!"

过了几天,往日光秃秃的地上冒出了不少嫩草,连没有播种到的地方也有。小徒弟高兴地直拍手:"师父,快来看啊,到处都是发芽的小草。"

师父却依然平静,回答他:"随喜!"

在这个故事中,师父讲的"随",就是指顺其自然。

顺其自然是一种顺势而为的人生态度。水从上而下、从高到低,顺应地势流淌,顺能通之道而游。水似乎没有

第三辑
做智慧的人，行云流水是人生

自己的选择，它只能顺其自然。但这种生存方式，却使它拥有了一份平静之美，而且最终实现了归海的目的。

水是如此，人亦如此。不抱怨、不躁进、不过度、不强求，负面的情绪就不会占据我们的内心，这有利于我们放松紧绷的心弦，心平气和地看待万千变化。也正是由于具备这种处世智慧，师父面对各种变化时会那么从容不迫、镇定自若。

顺其自然并非消极地等待，更不是听从命运的摆布。它更多的是指凡事不必刻意强求，保持内心的淡然。一个人若能淡然笃定地掌控自己的内心，无疑会最大限度地发挥主观能动性，因势利导，取得成功。

有一天，师父带着两个徒弟出远门。行到某处，他见一棵树长得很茂盛，而另一棵树却只剩下枯黄的枝叶，便想借机示教，于是便指着两棵树问道："在你们眼中，哪棵树更好？"

"当然是茂盛的那棵树好了，"大徒弟抢先作答，"荣代表着欣欣向荣，是生命的象征。"

"枯的好，"小徒弟争辩道，"枯，万物归天，一切

顿悟
洒脱的智慧

皆空。"

师父笑而不语,这时候,旁边走来一个小少年,于是师父又问了问他:"这树是荣的好,还是枯的好?"只见小少年淡然一笑,回答道:"荣的任他荣,枯的任他枯。"

一句"荣的任他荣,枯的任他枯"将少年心底的从容、淡定显露无遗。无论外界怎样喧嚣变幻,自己的内心都风平浪静、波澜不惊,这才是心静的绝佳境界。

西方哲人蒙田就曾告诫我们:"人生最艰难之学,莫过于懂得自自然然过好这一生。"凡事顺其自然、自然而然过好一生,对每个人来说,都是一个既简单又艰深的课题。逃避世间任何发生在自己身上的事,祈求某件痛苦的事不要发生,这只会令人活在恐惧和逃避中。所以,不如将喜与悲无差别对待,对所有的缘分都欣然应受,主动面对和承受不幸之事,如此,才能真正从容自在。

|003| 保持一颗平常心，活出自在人生

《洗心禅》里有这么一个典故。

李翱是唐代思想家、文学家，他认为人性天生为善，非常向往药山禅师的德行。他在担任朗州太守时曾多次邀请药山禅师下山参禅论道，均被拒绝，所以李翱只得亲自登门造访。那天药山禅师正在山边树下看经，虽然是太守亲自来拜访自己，但他毫无起迎之意，对李翱不理不睬。

见此情景，李翱愤然道："见面不如闻名！"便拂袖而出。这时，药山禅师说道："太守怎么能贵耳贱目呢！"一句话使得李翱为之所动，遂转身礼拜请教。药山禅师伸出手指，指上指下，然后说："云在青天，水在瓶！"

"云在青天，水在瓶"，药山禅师短短的七个字蕴含着两层意思：一是说，云在天空，水在瓶中，这是事物的本

顿悟
洒脱的智慧

来面貌,没有什么特别的地方,只要领会事物的本质、悟见自己的本来面目,也就明白什么是道了;二是说,瓶中之水好比人心,如果你能够保持清净不染,心就像水一样清澈,不论装在什么瓶中,都能随方就圆,有很强的适应能力,能刚能柔,能大能小,就像青天的白云一样,自由自在。

其实,"云在青天,水在瓶"也可以成为我们为人处世的一种智慧。这是一种淡泊而高远的境界,源于对现实的清醒认识,追求的是沉静和安然,是洞悉人世之后的明智与平和,即保持一种荣辱不惊、物我两忘的平常心,这也是我们在现实社会中难得的精神状态。

的确,在这个个性张扬、浮躁忙乱的时代中,不少人心被撩拨得蠢蠢欲动,不是为名利的患得患失所劳役,就是被人际关系的钩心斗角所左右,随之而来的必然是痛苦和烦恼。拥有一颗平常心,对待周围的环境做到"不以物喜,不以己悲",对待周围的人事做到"宠辱不惊,去留无意",内心也就获得了平静。

弘一法师俗名李叔同,清光绪年间生于富贵之家,是

第三辑
做智慧的人，行云流水是人生

一位才华横溢的艺术家，他集诗词、书画、篆刻、音乐、戏剧、文学等于一身，用他的弟子、著名漫画家丰子恺的话说："文艺的园地，差不多被他走遍了……"

但正当盛名如日中天，可以安享荣华之时，李叔同却抛却了一切世俗享受，到虎跑寺削发为僧，自取法号弘一。出家24年，他的被子、衣物等一直是出家前置办的，补了又补，一把洋伞则用了30多年，所居房内异常朴素，除了一桌、一橱、一床，别无他物。他持斋甚严，每日早午两餐，过午不食，饭菜极其简单。弘一法师还视钱财如粪土，对于钱财随到随舍，不积私财。除了几位故旧弟子外，他极少接受其他人的供养。据说曾经有一次，有人赠给他一副美国出品的白金水晶眼镜。他马上将其拍卖，卖得500元，把钱送给泉州开元寺购买斋粮。

弘一法师以教印心，以律严身，内外清净，写出了《四分律比丘戒相表记》《南山律在家备览略篇》等重要著作……他在宗教界声誉日盛，一步一个脚印地步入了高僧之林，成为誉满天下的大师、中国南山律宗第十一代祖师。正因为此，对于李叔同的出家，丰子恺在《我的老师李叔同》一文中说："李先生的放弃教育与艺术而修佛法，好

顿悟
洒脱的智慧

比出于幽谷,迁于乔木,不是可惜的,正是可庆的。"

前半生享尽了荣华富贵,后半生却剃度为僧。这种变化,在常人看来觉得不可思议,甚至在心理上难以承受。而弘一法师却以平常心自然地完成了转化,并享受着"绚烂之极归于平淡"的生活,最终收获了人生的极致圆满。没有一颗对待荣华富贵的平常心,对待人生际遇的平常心,能达到这种"云在青天,水在瓶"的境界吗?

以平常心面对一切荣辱不是懦夫的自暴自弃,不是无奈的消极逃避,不是对世事的无所追求,而是人生智慧的升华,是生命境界的觉悟。这需要修行,需要磨炼。一旦我们达到了这种境界,就能在任何场合下保持最佳的心理状态,充分发挥自己的水平,施展自己的才华,从而实现完满的自我。

明朝学者洪应明在《菜根谭》上说:"此身常放在闲处,荣辱得失谁能差遣我;此心常安在静中,是非利害谁能瞒昧我。"意思是说,经常把自己的身心放在安闲的环境中,世间所有的荣华富贵和成败得失都无法左右我;经常把自己的身心放在安宁的环境中,人间的功名利禄和是是非非就不能欺骗蒙蔽我了。

的确，人难免遭到不幸和烦恼的突然袭击，有一些人面对从天而降的灾难，处之泰然，总能使豁达和开朗永驻心中；也有一些人面对突变而方寸大乱，甚至一蹶不振，从此浑浑噩噩。为什么受到同样的心理刺激，不同的人会产生如此大的反差呢？原因正在于能否保持一颗平常心，做到荣辱不惊。

保持一颗平常心，意味着对事不骄不躁，"以出世之心，做入世之事"；保持一颗平常心，意味着压力下收放自如，始终有心情去感受花开花落。凡事用一颗平常心去看待，像天空中的浮云与瓶中的水那样，即使不能改变自己的命运，也能将心态调至最佳状态，领悟到生活的真谛。

顿悟
洒脱的智慧

|004| 控制自己的欲望，不贪得，不妄求

欲望，是人性的本能。但是，欲望一旦无度变成了贪欲，人就会失去平和的心态，导致本心的迷失。这样的人生犹如走在迷雾中，既看不到前，也看不到后，步履艰难……这是因为人一旦陷入欲望的沟壑，就会变得倍加贪婪，总认为自己的付出与获得不成正比，总希望以最少的成本获得最大的回报。于是，为了满足自身的欲望，为了求得心理上的平衡，人们就会不停地索取、不停地追逐，内心得不到片刻清净。

大海边上一栋破旧的茅草屋里住着一对老夫妻，他们无儿无女，过着非常清贫的生活，老头每天都出海打鱼，早出晚归，而妻子则在家纺纱，赚些钱以贴补家用。

有一天，渔夫出海打鱼，撒了好几网都一无所获，于是他决定再撒一网，准备要是还什么都打不上来的话就

第三辑
做智慧的人，行云流水是人生

回家。

然而，最后一网，他竟然打上来一尾美丽的金鱼。更让人吃惊的是，这尾金鱼还会说话，它苦苦哀求渔夫说："我是大海里的金鱼公主，求您放我回大海里吧，我会报答您的。无论您有什么愿望，我都会帮您实现。"善良的渔夫经受不住金鱼的苦苦哀求，什么要求也没提就把金鱼放回大海里了。

看到渔夫空手而归，妻子一直埋怨渔夫没用。渔夫听妻子数落完，把金鱼的事情说了一遍，本想能够洗脱自己的冤屈，谁想迎来的是更加严厉的指责："你这个糊涂的老家伙，你怎么可以什么愿望都没提？你看我们家穷得什么都没有，你就是要个木盆也好啊。"

渔夫禁不住妻子的一阵指责，来到大海边，对着大海喊："金鱼公主，金鱼公主……"没一会儿，金鱼浮出水面，渔夫羞愧地对金鱼说："我老婆把我骂了一顿，她想让我向你要一个新的木盆。"金鱼说："老爷爷，您回家吧，我会帮您实现愿望的。"渔夫刚到家，就看到自己家里多了一个又大又漂亮的新木盆。他心想：老婆有了新木盆该高兴了吧。谁知，妻子看到新木盆，不但不高兴，反而骂他

顿悟
洒脱的智慧

骂得更厉害了,她又想要一座新房子。

渔夫无奈地再次找到金鱼说出老婆的愿望,等他回到家,他们家果然变成了一座宽敞明亮的新房子。可是他的老婆依然不满足,她想要的越来越多。她让渔夫跟金鱼说,她要城堡宫殿,还要当女王。这些愿望都实现了,这位妻子更加穷凶极恶地对渔夫说:"现在,我要你去告诉那条金鱼,让它过来服侍我。"渔夫没有办法,又对金鱼说出了妻子的要求。

这一次,金鱼什么都没有说,消失在大海之中。等渔夫回到家,城堡宫殿都消失得无影无踪,什么都没有了。他们又回到了原来清贫的生活之中,继续生活在破旧的茅草屋里,而妻子还坐在房前用破木盆洗着衣服。

这个故事说明了三个道理:一是人的欲望是不容易满足的;二是即使人的某个欲望得到了满足,其满足感所产生的快乐也维持不了多久;三是人的欲望过强,就会物极必反,最终一无所获。

人如果控制不了自己的欲望,就会成为欲望的奴隶,最终要被欲望所湮没。所以,我们应该时常静下心来告诫自己：控制自己的欲望，切忌吝啬与贪婪，如此才能少一些烦恼，多一些平和。在这一点上，中国历史上的民族英雄林则徐做得非常好。林则徐光明磊落、清正廉洁。"海纳百川，有容乃大；壁立千仞，无欲则刚。"与其说这是林则徐书写的一副对联，不如说是他本人的真实写照：他不为外物所诱惑，不为浮云遮双眼，从而获得一种超然物外的自在与宁静。

林则徐所处时代正值清朝开始走向衰落、风雨飘摇的多事之秋，官场十分腐败，"三年清知府，十万雪花银"乃真实写照。在风气不正、腐败盛行的情况下，林则徐正气凛然，执法严明，对腐败深恶痛绝。他屡次论斥权幸大臣，严厉打击邪恶势力，皇亲国戚、佞臣奸党无不惧怕。林则徐每到一任，贪官污吏便心惊胆寒，土豪恶霸便威势顿挫，穷苦百姓欢欣鼓舞。特别是1838年，林则徐抗英禁烟。外国烟贩和勾结他们的洋行商人起初并没有把林则徐的到来放在心上。他们知道，清朝官员都爱钱，只要花些银子，没有过不了的关，可这一回他们的如意算盘落空了。"本大臣不要钱，只要你的脑袋！"林则徐大举没收

顿悟
洒脱的智慧

鸦片，并亲自监督鸦片的销毁。

林则徐为何能如此"刚"呢？说到底，这要源于他的"无欲"。他克己奉公，两袖清风，"宁可清贫自乐，不作浊富多忧"。为官几十年，他一日三餐只吃"落斛粥"（次米熬成的粥），一切唯温饱能居而已；外任时不吃沿途州府官吏为其安排的饮食，认为当官必须坚决杜绝私欲。林则徐从无他求，从无他欲，"不作浊富"，没有任何的私心，因此才一身正气，不畏权贵，不怕丢官，不怕杀头，刚正不阿，挺立世间。

《菜根谭》对人生之欲有过这样的精辟论述："人生只为欲字所累，便如马如牛，听人羁络；为鹰为犬，任物鞭笞。若果一念清明，淡然无欲，天地也不能转动我，鬼神也不能役使我，况一切区区事物乎！"

无欲，是要求人们不贪得、不妄求。"无欲自然心似水"，这是古人总结出的人生哲理，旨在告诫我们要克制私欲，淡泊守志，不为外物所羁绊，不为浮云遮双眼，身心就自然清澈了。面对五彩缤纷的诱惑时，能够守住自己的内心，控制住自己的欲望，就能让内心安然并淡定；舍弃功利与浮躁，克制贪婪之念，那么我们就能在障眼的迷雾中朝着正确的方向勇往直前。

顿悟
洒脱的智慧

|005| 别忙于奔跑，去享受生命的过程

有一位商人事业成功，妻子美丽贤惠，儿子乖巧懂事。然而，他却从没有轻松愉悦过，他是位紧张的生意人，并且时常把他职业上的紧张气氛从办公室带回到家。

下班回到家，他打开电视机，坐在沙发上休息，但是他的心情十分烦躁不安，于是他把电视关掉了，不停地在房间里走来走去。他的妻子准备好丰盛的晚餐，他在餐桌前坐下，两只手就像两把铲子，不断把眼前的食物一一"铲"进口中。晚餐后，妻子播放着一首美妙的曲子。他拿起一份报纸，匆忙地翻了几页，急急瞄了瞄大字标题，然后把报纸丢到地上，拿起一根雪茄。他一口咬掉雪茄的头部，点燃后吸了两口，便把它放到烟灰缸里。最后，他大步走到客厅的衣架前，抓起他的帽子和外衣，回公司工作去了。

妻子和儿子看着他急匆匆的背影，默默叹气。

第三辑
做智慧的人，行云流水是人生

在竞争日益激烈的生活中，很多人为了获得更高级别的工作岗位，为了挣到更多的钞票，如同这位商人一般，生活节奏越来越快。结果，情绪变得焦躁不安，生活陷入枯燥乏味。

工作是为了满足生活之需，让生活更美好，但是，现代生活似乎已经让我们本末倒置。不少人认为拼力挣钱就可以换得舒适生活，把自己搞得整天就跟上了发条似的，只知道一味地向前、向前，连正常的生活乐趣都荡然无存。这其实是贬低了工作的价值，而且偏离了生活的意义。

沙漠里有一支古老的游牧部落，长期迁徙，居无定所，但是多年以来他们有一个不变的神秘习俗：在赶路时，皆会竭尽所能地向前走，但每次行走两天后必定停下来休息一天！世世代代如此，从不例外。一位考古学家不解地问部落首领："为什么你们要这样做呢？"部落首领解释说："我们的脚步走得太快，而我们的灵魂走得太慢，走两天歇一天，就是为了等我们的灵魂赶上来！"

顿悟
洒脱的智慧

美国作家约瑟夫·坎贝尔说:"我们真正要探寻的不是生命的意义,而是活着的体验。"当你感到疲惫不堪时,不妨从生活的繁忙中抽身出来,让此刻的自己松懈下来,静心聆听生命的花开,静静感受生命的存在,让灵魂追赶上来,身心合一地协调前进!渐渐地,你就会发现,内心的世界越来越平静,也更容易感受生活的酸甜苦辣,体会人生的无限乐趣。

在亚里桑那沙漠过夏天,布莱克斯觉得自己会被热死的,因为那里炙热的高温都快把土豆烤熟了。一天,他在小镇的一个加油站给车加油时,和主人戴维森先生聊起这里可怕的夏天:"这个该死的夏天,又将是炼狱般的生活!"

"为过夏天担忧,有那个必要吗?像迎接一个惊人的喜讯那样对待酷暑的来临吧,"戴维森先生说着,"千万不要错过夏天给我们的各种最美好的礼物⋯⋯"

"该死的夏天能带来美好的礼物?"布莱克斯不解地问。

"难道你从不在清晨五六点起床?你想想,六月的黎明,整个天空都是玫瑰红的云彩,那是多么美妙的景观啊;

七月的夜晚，一抬头就可以看到满天繁星，多么有意境啊；再想想，中午是常人无法承受的高温，这时候才能真正体会到游泳的乐趣！"

令布莱克斯惊奇的是，戴维森先生的话果然有效，他不再怕夏天了。当高温天气真的到来时，清晨，布莱克斯在晨露的凉爽中修剪玫瑰花；中午，他和孩子们舒舒服服地在家里睡觉；晚上，他们在院子里做冷饮，吃冰淇淋，真是痛快极了。整个夏天，他们还欣赏了沙漠日出和日落特有的壮观景象。

几十年之后，布莱克斯已是满头银发，但是他愉快的笑容仍然那么灿烂。他在拜访戴维森先生的时候，由衷地感慨道："我喜欢这里的夏天，而且我一点不担心变老。在这里光欣赏生活的美都欣赏不过来呢，我觉得活得有意思极了！"

看到了吧，生命是一个过程，当你静观人生的时候，美就会充斥你的生活。美是生活中的客观事物与你主观意识碰撞后迸发出的火花，是一种不带功利色彩的愉快感觉。它能使你的心灵得以净化，情感得以宣泄，精神得以

顿悟
洒脱的智慧

满足。

　　生命的乐趣绝不在于不断地奔跑，而在于感受多姿多彩的过程。再怎样疲惫或忙碌，也要懂得停下匆忙的脚步，抛开一切给你造成压力的人或事，静心聆听生命的花开，等待自己的灵魂赶上来。如此，安心的感觉便会不期而至。

|006| 心不争，世界更加宽广

争，这是生活中最纷扰的一个字。

这个世界的吵闹、摩擦、嫌怨，大多是争的结果。

然而，争又得到了什么呢？权钱争到手了，幸福不见了；名声争到手了，快乐不见了；非分的东西争到手了，心安不见了。也就是说，一个人绞尽脑汁、处心积虑争到手的，不是幸福，不是快乐，不是心安，而是烦恼、痛苦和仇怨。

"夫唯不争，故天下莫能与之争。"老子一言，使不争成为智慧的代名词。从字面上看，这句话有些矛盾，既然不争，怎么天下人都争不过他呢？事实上，这里的不争不是一种消极沉沦、两耳不闻窗外事的与世无争，而是建立在知晓事物变化规律之上的豁达。其意在于：不争不该得到的，不争得不到的，不争得到了也没有益处的。

不就一事争长论短，不急一时较之高低，不较一时得

顿悟
洒脱的智慧

失成败。"不争"是一种圆融,是一种智慧,是一种境界。做到"不争",才能摒除烦恼,清除心灵的繁芜。

一户人家找附近书院的一位长者来家里讲学,事后主人发现家中丢失了20两白银,他怀疑是长者所为,便气势汹汹地到书院问罪。长者明白主人的来意后,并不多言,直接取出白银20两说:"请把银两拿回去吧。"

这个人抓过银子气冲冲地走了,谁知等他回到家中,妻子却告诉他,因为临时有急事,她拿走了银子没有及时交代。此人听后感到非常内疚,万分羞愧,连夜到书院送还银两,并向长者道歉。

长者接过银子只说:"无妨,无妨。"

长者在被人诬陷偷银两时还能泰然处之,不怒不斗,这样的人生态度自然为人所敬仰与钦慕。由此可见,不战而自胜,正合乎了"上善若水,水利万物而不争"的哲学思想。

初春,百花烂漫,桃李吐芳,鲜花傲放,姹紫嫣红,竞相争奇斗艳。然而,荒凉的一角里总有一枝或几枝兰花不争春，不斗艳，不妖娆，不芬芳，静静地绽放。这种与人无争、与世无争，是何等崇高的品行，是何等淡定的境界啊！

在实际生活中，我们完全可以拥有这种品行和境界，而且我们有着无数个不争的理由：心胸开阔一些，争不起来；得失看轻一些，争不起来；目标降低一些，争不起来；功利心稍淡一些，争不起来；为别人考虑略多一些，争不起来……如此，你会发现，内心会一下子变宽，世界会一下子变大。

"不争"，这看起来简单的两个字，却往往需要人的一生去历练。英国诗人兰德直到暮年才写出了洞悉人生的《生与死》："我和谁都不争，和谁争我都不屑。我爱大自然，其次就是艺术。我双手烤着生命之火取暖，火萎了，我也准备走了。"这是平静安然的最佳写照。

第六章 人生平凡，也要诗意栖居

> 平平淡淡，悠悠闲闲，随意笑，随意嗔，无须在意别人的眼光，静静地迎送每一天的朝霞与夕阳。谁能说这样平凡的生活不美，不令人向往呢？让平凡的生命绽放出美丽的花朵，领略平凡生活的美妙，是选择，也是智慧。

|001| 感恩生命，活着就是一种幸福

什么样的生活才是幸福的？相信很多人都存有这样的疑问，也一直在寻求问题的答案，但是这个问题是没有标准答案的，因为幸福是一种心理感受，而每个人的感受又是不一样的。如有的人认为高官厚禄是幸福，有的人认为功成名就是幸福，有的人则认为家庭和睦是幸福……

不过，下面这个故事所给出的幸福含义则值得我们所有人思考。

第三辑
做智慧的人，行云流水是人生

依萨出生于纽约贫民窟的一个黑人贫穷家庭，他从小便感受到了生活的艰难。缺衣少穿的生活、种族的歧视、同学们的取笑，常常让他伤心不已，他觉得自己是世界上最不幸的人，也几乎痛恨周围所有的人。他决心要出人头地，过上幸福的生活。

凭借勤奋的学习，依萨如愿考上了一所著名大学，但幸福的感觉很快离他而去，因为昂贵的大学学费还等着他缴。大学时期，依萨一边学习，一边打工，熬到了毕业，并在一家大公司找了一份不错的工作。但他还是不幸福，因为他不但要受上司的气，还要受同事的排挤，他觉得只有拥有自己的公司才能过上幸福生活。依萨拿出自己几年的积蓄注册了一家销售公司。经过几年的努力，他的小公司变成了大公司，他拥有了曾经梦寐以求的豪华别墅、高档轿车、巨额银行存款和美丽贤惠的妻子。但是幸福却没有随之降临，因为他的下属不但偷懒、工作效率低，还总要求加工资；他的竞争对手心狠手辣，整天想着要挤垮他的公司。

由于心情不好，依萨开车时老走神，最终导致了车

顿悟
洒脱的智慧

祸——他的高级轿车钻进了大货车底下。轿车报废了，所幸依萨只是受了点皮肉伤，没有生命危险。事后，一想到那惊心动魄的一幕，依萨就吓得浑身发抖。他突然明白，活着是多么美好啊，一个人只要拥有了生命，就是最大的幸福，没必要再奢求任何事情。

人的一生总会经历很多事情，也许我们生活得并不富裕，也许我们没有成功的事业，也许很多不幸的事情发生在我们身上，于是很多人抱怨自己不幸福。但细想一下，跟生死比起来，那些根本不算什么，还有什么能比活着更幸福呢？

对于每个人来说，生命都只有一次，而且时间短暂。人最珍贵的财富应该是生的时间，就像电影《怪物史莱克》中演的那样，如果把一个人出生的那天抹去，恐怕就不会存在金钱、权力、感情的种种纠结。没有存在过，也谈不上发生过，又何来幸福？

曾看过这样一个故事。

有一位年轻人老是埋怨自己贫穷，不够幸福，终日愁

第三辑
做智慧的人，行云流水是人生

眉不展。

"穷？你很富有啊！"一位智者由衷地说。

"这从何说起？"年轻人问。

智者反问道："假如现在斩掉你一个手指头，给你1千元，你干不干？"

"不干。"年轻人回答。

"假如斩掉你一只手，给你1万元，你干不干？"

"不干。"

"假如使你双眼都瞎掉，给你10万元，你干不干？""不干。"

"假如让你马上死掉，给你1000万元，你干不干？""肯定不干。"

智者笑笑说："小伙子，你已经拥有这么多财富，为什么还哀叹自己贫穷呢？"

年轻人愕然无言，突然什么都明白了。

"愿以我一切所有，换取你一刻时间。"这是伊丽莎白一世女王临终前的遗言。生命是最宝贵的，活着才能对生命的价值与意义有所诠释。只要生命还在，就有希望和梦

顿悟
洒脱的智慧

想;只要生命还在,就有幸福和快乐。活着,我们可以看云卷云舒,可以听潮起潮落;活着,我们可以感受阳光的温暖,可以体会秋风的萧瑟……

能够完好无损地活着就已经是上天极大的恩宠,又何必不断埋怨、纠结于生活中的种种不如意呢?那仅仅是生活中小小的插曲而已。珍惜生活的每一个瞬间,揽尽人生百态,品尝五味杂陈,痛苦的滋味便淡了,幸福便在生命中得以显现。

第二次世界大战时,有一名士兵在一次战役中被炮弹击中,腿部流了很多血,他和一些同样在战场上受伤的士兵一起被送到了医院。在医院里,伤员们的脸上写满了颓废和恐惧,他们每天都处在忧虑和痛苦中。

经过医院的紧急抢救,该士兵脱离了危险,并最终苏醒过来。只不过,他的左腿被截肢了,显然永远也不会再长出一条左腿了。截肢的疼痛时常折磨着他,而且他要承受自己已经是残疾人的精神压力,但他看起来一点也不悲伤,脸上反而洋溢着幸福的气息。

对此,其他士兵很不解。

该士兵解释道:"我失去了一条腿,不能再在战场上奋勇杀敌,而且下半辈子要拄着拐杖或者坐着轮椅生活,这是令人痛苦的事情。不过,我还活着啊,这对我来说就是最大的幸福!我还可以吃饭,还可以喝水,还可以看到高远的天空和人间景象,还可以和别人握手,感觉到人体的温暖和无声的爱……"

"活着"原本是一件非常简单而又理所当然的事情,但当灾难来临的那一刻,"活着"就变成了一件非常困难的奢望,人们才真切地感受到活着有多好。

当面临生活中繁杂的纠葛、苦痛、伤害等问题时,如果我们能够多和自己说"幸好我活着",相信就会对生命有一个全新的认识,会发现那些令人烦恼的事情其实微不足道,进而满怀对生命的感激之情,将生活过得安然、幸福而有意义。

顿悟
洒脱的智慧

|002| 让生活化繁为简，在简单中自得其乐

时下，不少人常抱怨工作累、生活累、活得累。其实，工作累或者生活累只不过是一个说辞，心累，才是实质。

不知道从什么时候开始，我们的周围开始充斥着金钱、功名、利益的角逐，人人都在追求高品质的生活，人人都想得到自己想要的东西，追求的目标越来越多，奔跑的速度越来越快，整天忙碌着，奋斗着，心怎么会不累呢？

一个年轻人觉得生活很沉重，便问智者："生活为何如此沉重？"智者听罢，就随即给他一个篓子，让他背在肩上并指着前面一条沙砾路说："你每走一步就捡一块石头将之放进去，最后体会一下有什么感觉。"

年轻人就背上篓子，一路不停地捡拾！走到路的尽头，他就回过头来对智者说："越来越沉重了！"

第三辑
做智慧的人，行云流水是人生

智者说："这也就是你为什么感觉生活越来越沉重的原因。每个人一来到这个世界，都会背着一个空篓子，然而我们每走一步都要从这世界上捡一样东西放进去，所以才有了越来越累的感觉。"

年轻人放下篓子，顿觉轻松愉悦。

"人"字一撇一捺，足够简单。然而，人却偏偏习惯把简单之事复杂化，把微小之事放大化，让生活变得冗繁、忙乱。与其一味地抱怨生活沉重，不如学着简化生活。没有对物质的过度占有，没有对名利的过分追逐，没有对人事的过度控制，就像一个长途跋涉者，甩掉一个又一个沉重的包袱，你的心也会豁然轻松。

年轻的时候，玛丽比较贪心，什么都追求最好的，拼命地想抓住每一个机会。有一段时间，她手上同时拥有13个广播节目，每天忙得天昏地暗。事业越做越大，玛丽的压力也越来越大。到了后来，玛丽发觉拥有更多、更大不是乐趣，反而是一种沉重的负担。她的内心始终被一种强烈的不安全感笼罩着。

顿悟
洒脱的智慧

一天，玛丽意识到自己再也忍受不了这种生活了，用这么多乱七八糟的事情来将自己清醒的每一分钟都塞得满满的，简直就是对自己的一种折磨。也就是在这个时候，她终于做出了一个决定：要开始摒弃那些无谓的忙碌，让生活变得简单一点，只有这样才能活出自我来。为此，她着手开始列出一个清单，她把需要从她的工作中删除的事情都排列出来，然后采取了一系列"大胆"的行动。她取消了一大部分不是必要的电话预约，打电话给一些朋友取消了每周两次为了拓展人际关系的聚会，等等。

就这样，通过改变自己的日常生活与工作习惯，通过去除烦躁与复杂，玛丽感觉到自己不再那么忙碌了，还有了更多的时间陪家人，有了更多的思考时间。因为睡眠时间充足，心态变轻松了，她的工作效率得到了很大的提高，身心状况也变得好了很多。而且她每天都会有快乐和愉悦的心情，乏味的平淡生活得到了改善与升华。

生活原本是简单的，当一个人在生活上需要简化时，就会少些患得患失，多些从容淡定。丢掉了占据时间的繁杂事务，你能空出更多时间，全身心投入你真正感兴趣的

第三辑
做智慧的人，行云流水是人生

生活中，体验生命的激情和趣味，获得更为丰富精彩的人生。就如一位哲人所言："生命如果以一种简单的方式来经历，连上帝都会嫉妒。"

清人刘大魁在《论文偶记》中写道："凡文笔老则简，意真则简，辞切则简，理当则简，味淡则简，气蕴则简，品贵则简，神远而含藏不尽则简，故简为文章尽境。"做文须如此，做人也一样。在简单中成就，在简单中自得，这种简单很可敬，此种心境甚是可贵。

美国人亨利·戴维·梭罗是一名作家，他一个人在瓦尔登湖畔建造了一栋木屋，然后自己种植物喂养自己，靠打工的钱添置生活必需品。他住的木屋面积不大，他穿着半新不旧的衣服，吃田间的马齿苋、玉米饼面包之类能维持人日常活动能量的食物。当然这并不是说他没有能力为自己买一座大房子以及新衣服等，这只是他选择的生活方式。

从1845年7月到1847年9月，梭罗独自生活在瓦尔登湖边，差不多正好两年零两个月。瓦尔登湖不仅为梭罗提供了一个栖身之所，也为他提供了一种独特的精神氛

顿悟
洒脱的智慧

围，之后他推出了自己的作品《瓦尔登湖》，文学界评价说这是一本"超凡入圣"的书。阅读《瓦尔登湖》，能让紧张的情绪得以释放、心灵趋于宁静。

简单是一种心境的历练，是一种优化的生活态度。将生活化繁为简，用纯粹的心体味生活，不必挖空心思依附权势，不必贪图名利富贵，更无须去计较那些不必要的关系，简简单单的存在，势必能够在繁乱的生活中收获一颗素心。

|003| 生活可以简陋，却不可以粗糙

如果用一个词语来形容一下目前的生活状态，你会想到什么词语呢？忙碌、悠闲？充实、无聊？紧张、平淡……那么，你会想到用"精致"这个词吗？每个人的生活形式与内容都不一样，但每个人的生活其实都是一件易碎品，需要你小心翼翼地呵护。"精致"就是我们为生活这件易碎品包裹的保护壳。

某甲家境困窘，但是他的母亲经常说的一句话是：生活可以简陋，却不可以粗糙。她给儿子做白衬衫、白边儿鞋，让穿着粗布衣服的甲在艰苦中明白什么是整洁与有序。他相貌干净，衣服整洁，洗得发白的床单总是铺得整整齐齐。

相比之下，某乙家境富裕，他的衣服装满了衣柜，可是没有一件平整干净。他总是把衣服随随便便地一扔，想

顿悟
洒脱的智慧

穿了就皱皱巴巴地套上。他的床上,横看竖看都是乱。他的头发总是在早晨起来变得"张牙舞爪",怎么梳都不顺。他最习惯说的一句话是:"一切都乱了套,这日子没法过了。"

生活虽然有时简陋,但只要有心,就一定可以让平凡的生活开出精致的花。

精致首先是一种自爱,无论在何种场合,你的着装、打扮都必须干净整洁,给他人以美的享受。法国巴黎著名的形象设计师萨克拉斯说:"我们看到一个人,最初的印象从他的体貌服饰上获得,而对人物内在的素质美,要用时间来检验。"由此可见,形象是每个人向世界展示自我的窗口,精心打扮自己,既是对他人负责,也是对自己负责。

精致,更多体现在细节方面。试想,你走进一间房屋,看到地板被擦拭得一尘不染,明净的玻璃从床边一直延伸到门口,墙壁上挂着一串淡紫色的鲜花,桌上还有序地摆放着各种精美的小饰品……这一切是不是会流露出一种恰到好处的美,令人心旷神怡?而这正是精致的魅力所在。

第三辑
做智慧的人，行云流水是人生

日本人认为生活不能是粗糙的，他们随时随处都对细节高度重视。一块纸尿布，未用时平常无奇，一旦尿湿，彩虹图案赫然出现，提示父母该替宝宝换纸尿裤了；一只杯子，握在手掌里，手弯曲成什么样的弧度才最舒适；一双筷子，包装纸上印什么字、用什么字体方能凸显食物的气质；一处房子用多少盏灯、挂在哪里是最恰当的……这种平实外表下精致的细节理念，打造出相对高质量的生活，值得我们深入思考。

精致是一种慢节奏的慵懒，匆忙之人享受不了精致。这里的"慵懒"一词并不表示自由散漫，而是不被生活提速带入快节奏，是一种闲适无忧的生活状态。花时间画一个完美的妆，给自己或爱人慢慢熬制一份汤；在阳光下细品一份下午茶，说着无关紧要的闲话；偶然的空闲，窝成猫儿的形状，躺在沙发或者床上偷得浮生半日闲……短暂的慵懒，就可以享受一种惬意、精致的生活。

打造精致生活，从点滴做起。就是这么一点改变，你的生活就会不同。但建立和保持一种精致的生活却是不易的，这需要不断改进自己的生活习惯，提高自己的觉悟和鉴赏能力，同时不断丰富内心生活，提升自己对生活的理

顿悟
洒脱的智慧

解和品位。

　　小镇上有一个摆地摊的女人,丈夫在工地上做杂工,还有一个瘫痪在床的婆婆。照他人来看,她生活艰辛,本应无暇顾及自己。然而,这个女人却活得从容而优雅。她的头发很长却总是梳理得纹丝不乱,一袭紫色长裙不贵却款款有致。她温文婉约,笑意姗姗,吸引着人们有事没事都爱到她的摊子前去转转,跟她聊两句,临了再买一两件小商品带走。

　　几年后,女人用积蓄买下一辆汽车。她的丈夫考了驾照,做了出租车司机。日子渐渐红火起来,不料一次和丈夫外出时出了车祸,搭上一辆车,还欠了几十万元的债务。她的腿也受了重伤,住了院。

　　人们都以为,她这下子是爬不起来了。可是半年后,她又在街头摆上地摊儿,她照例盘发,穿旗袍,腿部虽落下小残疾但也不妨碍脸上的笑容。她的丈夫经常过来帮她打点生意。过了两年,生活有了好转,小日子又过得红红火火。

第三辑
做智慧的人，行云流水是人生

故事中的女人每日为了生计而奔波劳累，但是她不抱怨、不自弃，也没有磨灭内心对美的渴望，她优雅地打扮自己，她的生活快乐而平和，这正是一种精致的存在。

生活可以困窘，但并不妨碍你保持精致的生活。只要你拥有一颗精致的心，拥有爱生活的心情，那么即便再艰辛的生活，仍然能留存生活的美与暖，美好自己，温暖他人。

顿悟
洒脱的智慧

|004| 平凡生活里的爱情最值得珍惜

影视剧中唯美悱恻的爱情,令人羡慕;古今中外并肩而立的名人夫妻,令人仰慕。但在生活里,更多的是平凡人的平常日子,爱情,也多是柴米油盐的琐碎。

恋爱中的人大多热衷追求浪漫,但这种浪漫情怀却很容易在柴米油盐的婚姻生活中消磨殆尽。就连三毛都说:"爱情看起来很浪漫,很纯情,可最终现实是残酷的,因为它经不起柴米油盐的烹制。"

的确,生活不是影视剧,不会每天都有那么多的浪漫与惊喜。它很平淡,也很朴实,但是,琐碎的柴米油盐却显示出生活的真谛,实实在在的生活才是最重要的,那才是生活真实的味道。

她和他在电影院偶然相遇,一见钟情。新婚生活是美好的,两人各自忙着自己的事业,回到家就是柴米油盐。

第三辑
做智慧的人，行云流水是人生

渐渐地，喜欢浪漫的她觉得日子太过平淡，对爱人没有了心跳的感觉，她甚至觉得他不是真的爱自己，便提出了离婚。

男人深爱这个女子，他艰涩地问："为什么？难道你觉得我不够爱你吗？那你说，我哪里做得不好，我要怎么做，你才能改变主意？"

她说："我问你一个问题，如果你的答案我能接受，那我就选择留下：假如我非常喜欢一朵花，但是它长在悬崖上，如果你去摘，一定会掉下去摔得粉身碎骨，你还会为了我去摘吗？"

他沉默了一会儿，然后说道："你让我想一下，我明天早上给你答案。"

第二天早上，她醒来时他已经出去了，桌上依然像往常一样放着一碗她最爱的、热腾腾的米粥，下面压着一张他留下的纸条，上面写着满满的字。

亲爱的：

我确定我不会去摘那朵花，理由是：

在这里住了这么久，你出去还是经常找不到方

顿悟
洒脱的智慧

向,然后就开始哭,所以我要留着眼睛帮你看路。

别人惹你生气时,你总是不说话,喜欢一个人生闷气,而我怕你气坏了身子,所以我要留着嘴巴逗你开心。

你每月那几天都会疼痛难忍,而我要留着手给你暖肚子。

你出门总是忘记带钱包,买好了东西才发现没带钱,而我要留着脚跑去给你送钱,让你把喜欢的东西买回家。

因此,在确定你身边没有更爱你的人之前,我不想去摘那朵花……

亲爱的,如果你接受我的答案,就把房门打开吧!我正拿着你最喜欢吃的豆沙包在门外等着呢……

她打开了房门,扑在他怀里放声大哭,她不再需要那朵花了!

生活的琐碎总会将风花雪月尘封在时光的沙漏里。走在婚姻的路上,也许他没有天天对你说"我爱你",但他

第三辑
做智慧的人，行云流水是人生

为你打上一把遮风避雨的伞，为你沏上一杯飘着香气的茶，为你盖上早已暖热的被，给你一个宽大而坚强的肩膀，给你一个释放委屈的拥抱……谁能说这不是另一种意义上的浪漫呢？

关于爱情，它的表现方式有很多种。有一种爱情像烈火般燃烧，刹那间放射出绚丽光芒，能将两颗心迅速融化；也有一种爱情像春天里的小雨，悄无声息地滋润着对方的心灵。前者声势浩大却只能灿烂一时，后者平平淡淡却绵延不断。真爱不在于一瞬间的悸动，而在于两个人的默默守候。

有这样一对中年夫妇，他们是朝九晚五的上班族，而且工作地点离得很近。每天早上，先生都会骑着自行车送妻子上班。上车前，先生都会等妻子在车后座坐稳了才跨上车用力一蹬，而且不时地回头关照一下他的妻子，举手投足间透着对妻子的关爱。而妻子如公主一般幸福地坐在车后座上，双手轻轻搂着丈夫的腰，脸上也洋溢着满足。下班回到家，狭小的厨房里，妻子不停地忙碌着，饭锅里正冒着热气，厨房里氤氲着饭香的烟雾。而他也不闲着，

顿悟
洒脱的智慧

浇花、收拾房间、扔垃圾,两人有说有笑。

妻子从小体弱多病,到了冬天手脚冰凉,先生就每天用自己的双手为妻子按摩搓脚,再用自己的体温为她保暖;当先生说出自己想吃的东西时,妻子一定会记得,并且在下班后买给他;看到妻子因为腰上长出了"游泳圈"而烦恼不已,他从来都没嫌弃过她的身材走了样,主动说要陪她一起锻炼身体;先生在单位遇到了不顺心的事就心情不好,但妻子从未抱怨过,等先生的情绪稳定下来之后,再询问到底是怎么回事,帮他分析,一起想解决的办法……

几十年来,无数个朝朝暮暮,他们都是这么平静地生活着。虽然岁月在他们脸上毫不留情地留下了皱纹,然而他们的心却依然年轻,仿佛还是热恋中的少男少女。虽然没有一束束的玫瑰花,虽然没有一起吃过烛光晚餐,虽然没有在朋友面前秀过恩爱……但他们的爱却是最朴实、最真切、最贴心的,有一种"执子之手,与子偕老"的安详。

其实,无论怎样感人的爱情,激情过后终究要归于平淡,爱情终将以朴实却又温馨的生活作为延续,这是生活的常态。我们无法拥有惊天动地的爱情,但可以拥有细水

第三辑
做智慧的人，行云流水是人生

长流的感情。在柴米油盐中精心呵护爱情，弹奏一曲属于自己的幸福乐章，就如一首歌中所唱："柴米油盐酱醋茶，一点一滴都是幸福在发芽……"是的，朴实无华的幸福，同样让人沉醉。只要用心体会，幸福时刻都围绕在我们身边。

顿悟
洒脱的智慧

|005| 从生活小事中获得快乐

不少人以为收获大的名利、获得很多钱财,才能拥有快乐,事实却并不是这样。快乐不是长生不老,不是大鱼大肉,不是享誉时代,而是小事的堆积。生活中的一句话、一件小事、一个眼神、一句鼓励都是快乐的来源,不过只有善于发现和认真体会的人才能感觉到。

生活中的玛丽总是微笑着,看起来活得很快乐。

有一天,同事问她:"玛丽,你在笑什么?"

玛丽用手一指办公室的窗外:"你看,那个树上挂着一个鸟巢,鸟巢上粘了几片叶子。"

同事们瞧了瞧,不以为然。玛丽就用手机拍下来,给大家看。原来,照片上显示出一个笑脸"^_^",那是由鸟巢、树叶和树枝组成的。这么别致的笑脸,每天挂在办公室窗外的树上,发现它的却只有玛丽一个人。这就是她比其他人快乐的原因。

有人会羡慕地说，你看谁谁多快乐，真让人羡慕。是他们真的幸运吗？事实上，他们或许有着更多的烦恼，只是他们善于从微不足道的小事中发现快乐，并品尝这些小小的快乐带给自己的满足。

遗憾的是，平时我们忙于工作，忙于应付压力，缺少了发现的心情，致使生活失去了乐趣。正如澳大利亚作家安德鲁·马修斯所说："每个人都希望自己是快乐的。可我们都太忙了，都把快乐这事给忘了。"

有一个小徒弟过得很不快乐，于是他向师父请教快乐之道。

师父讲了庄周梦蝶的故事："有一天黄昏，庄周一个人来到城外的草地上，他仰天躺在草地上，闻着青草和泥土的芳香，尽情地享受着，不知不觉睡着了。他做了个梦，在梦中他变成了一只蝴蝶，在花丛中快乐地飞舞。上有蓝天白云，下有金色土地，还有和煦的春风吹拂着柳絮，花儿争奇斗艳……他沉浸在这美妙的梦境中，完全忘了自

顿悟
洒脱的智慧

己。突然间，庄周醒了过来，刚刚虽然只是一个梦，不过庄周觉得快乐极了。"

故事讲完后，师父对小徒弟说："一只小小的蝴蝶在梦里飞入了庄周的心，也能让他变得快乐起来，那么生活中还有什么事能让他担忧呢？快乐无处不在，许多点滴都值得我们细细品味、咀嚼。"

如果想做个永远快乐的人，就要学着细心一点，用心一点，在平凡生活中寻找和感受那些小小的快乐，为一个小小的祝福而心存感激，为一份小小的友情真诚地感动，为一个小小的礼物欢呼不已，为一个小小的关心充满怀念……也就是这些小小的快乐，让我们的生活变得多彩，生命变得更可亲，更让人眷恋。

英国一家名叫"三桶白兰地"的机构，发起了一项针对3000名英国人的小调查。调查中，研究人员列出了50个不同的选项，让这3000名受访者勾选。其中，"在旧牛仔裤的口袋里发现10英镑"成了最让英国人感到快乐的一件事。10英镑就可以换来快乐，这样让人感到幸福的小事其实还有很多很多。

第三辑
做智慧的人，行云流水是人生

不管富贵与贫穷，我们都需要懂得寻找人生的快乐。一点点积攒身边每件小事带来的快乐，你会发现，忧愁和压抑会自然从内心深处消失，你已经体味到了快乐的滋味。你也可以主动去寻找这种快乐的感觉，列出能让你切实感到幸福的小事，让平凡的日子变得美妙：

泡个热乎乎的澡，
大冬天在被窝里看电影，
烧拿手好菜给心爱的人吃，
父母脸上的笑容，
朋友们愉快的聚会，
一个人旅行看到的美景，
收拾得干干净净的书桌，
享受清晨的微风，
看一本好书，
听一首小夜曲，
独酌一杯小酒，
……

顿悟
洒脱的智慧

|006| 无论处境多么艰辛，别忘了善待梦想

你是不是感觉生活就像一潭死水，无聊枯燥，看不到希望地循环往复！为什么会这样？因为没有梦想。没有梦想的人就犹如在迷雾中失去了方向，无法了解自己身处何方、该往何处，所能感受到的是无边的恐惧和迷茫。

这绝对不是危言耸听。梦想是什么？梦想是一个人内心里对人生、对自己的一种希望。因为梦想的存在，人会奋发向上。任何东西也取代不了梦想在一个人的精神世界中所占据的分量，取代不了它给人带来的精神愉悦。失去了追求梦想的心，生活就是枯燥的、空虚的。

对此，哲人周国平曾这样说过：一个有梦想的人和一个没有梦想的人生活在完全不同的世界里。如果你与那种没有梦想的人一起旅行，一定会觉得乏味透顶。一轮明月当空，他们最多说月亮像一个烧饼，压根不会有"明月几时有，把酒问青天"的豪情；面对苍茫大海，他们只看到

第三辑
做智慧的人，行云流水是人生

一大摊水，绝不会像安徒生那样想到美丽的海的女儿……

选择怀揣梦想，严肃而认真地去面对它、实践它，让生活富有情调和意义；还是忽略或丢弃梦想，甘于现状，麻木不仁，让生活没了色彩？每个人都有自己的答案。当我们做出决定的那一刻，也就注定了不同的命运轨迹——功成名就或碌碌无为。

一个真正善待自己的人，无论生活多么烦琐，处境多么艰辛，永远都会善待自己的梦想，追求自己的梦想，并用梦想陶冶自己的情操，润色自己的生活。无疑，这种人是懂得生活乐趣的，他们的生活也会是光彩熠熠、多姿多彩的。

特莱艾·特伦恩特1965年生于津巴布韦，她只上了一年小学便被父亲打发回家，帮助家里做家务，并供哥哥上学。特莱艾有一个梦想，就是对受教育的渴望。于是，每天哥哥放学，她总是迫不及待地翻看哥哥的课本，帮助哥哥做功课。小学老师知情后，恳求特莱艾的父亲让她回校。然而父亲不为所动，并在特莱艾11岁时将她嫁了出去。

顿悟
洒脱的智慧

一晃十几年,特莱艾已经是5个孩子的母亲,年过30依然贫困,更糟糕的是她的丈夫是一位艾滋病患者,还常常毒打特莱艾。但是,特莱艾并没有放弃接受教育的渴望。正在此时,一个国际援助组织的志愿者团队路过她居住的村庄,特莱艾向带头的一位志愿者乔·拉克道出了自己的梦想。有幸,乔·拉克女士并没有笑看特莱艾这"荒谬透顶"的梦想,而是说了一句鼓舞人生的话——只要你有梦想,你就能实现。

千里之行始于足下,特莱艾从为国际援助组织工作开始,攒下工资攻读函授课程,从小学课程一直补到高中,并被美国俄克拉荷马州立大学录取进本科学习。特莱艾家里卖牛,邻居们卖羊,凑了4000美元,特莱艾踏上了求学之路。她在持续的贫穷和疲累等种种困难中完成学业,直到2009年在美国西密执安大学获得哲学博士学位,现在她在国际援助组织中担当项目评估专家。

在这种种打击下,特莱艾始终铭记自己的梦想,没有放弃接受教育的渴望,并且为之奋斗。最终,她的命运有了转机,生活掀开了新篇章。是啊,"每一次扬起风帆去

第三辑
做智慧的人，行云流水是人生

远航，难免都会有阻挡，只要有梦想在鼓掌，未来就充满着希望；每一次张开翅膀去飞翔，难免都会受伤，只要有梦想在激励，未来就承载着希望"。

平凡简单的生活，并不意味着失去精彩。还记得《牧羊少年的奇幻之旅》中所说的一句话吗？"当我真心在追寻着我的梦想时，每一天都是缤纷的。因为我知道每一个小时，都是在实现梦想的一部分。一路上我都会发现从未想象过的东西。如果当初我没有勇气去尝试看来几乎不可能的事，如今我就还只是个牧羊人而已。"

你有多久没梦了？你的梦想是什么，还记得吗？梦想是深藏在人们心灵深处最强烈的渴望。它像一粒种子，种在"心"的土壤里，尽管它很小，却可以生根开花。让我们种下一颗梦想的种子，并细心呵护，即使残酷的现实想要把它连根拔起，我们都不能屈服、不能放弃。终究，它会成长为参天大树，平静又安详。

第四辑
做快活的人，拣尽韶华又是花

很多人抱怨烦恼接踵而来，心灵被搞得愁云密布。这时候，我们需要换一种心境。祸福无门，唯人自招；事无好坏，随心变现。如果我们一直保持好的心情，凡事积极乐观待之，那么即使遇到再大的难题也可以安然处之，不生厌戾之气。

第七章 努力做自己，不必太计较

> 快乐不是拥有得多，而是计较得少。人生之路，人人不同，不用比较，自己走自己的路就是了。至于结果如何，那都是你自己的选择。与其"羡慕，嫉妒，恨"，不如"努力，奋斗，拼"。安心做自己，追寻属于自己的生活吧！生存本就不易，何苦为了他人而为难自己？

|001| 与人攀比，不如做好自己

你买了一枚戒指，我就要买一条项链；你买 100 平方米的房子，我就要买 150 平方米的；你签了一份订单，我就要拿下一张更大的单子；你升职为部门经理，我就要当级别更高的 CEO……留心一下，生活中这种攀比的现象随处可见。这样的事儿，你有没有做过？

从人类本能上看，攀比是出于一种竞胜之心，可以激

顿悟
洒脱的智慧

励一个人努力追求自己尚未达成的目标。但攀比之陋在于人们所比的总是那些看得见、摸得着的物质财富，疏离精神价值，必然烦恼丛生。正如哲学家所说："生活之累，一半来源于生存，一半来源于攀比。"

玛丽是一位都市白领，婚后一直和丈夫租房住。后来，一位朋友买了新房，玛丽眼红心动，和丈夫吵着闹着要买房。由于资金有限，两人精挑细选后在郊区定了一套两居室的房子。住自己的家自然舒适又方便，玛丽心中乐开了花。

但是没过多久，另一位好朋友也买了一套房。装修好后，朋友打电话让玛丽到家里参观。朋友的房子地段好、面积大，里面装修豪华，与自己的新房一比较，玛丽买到新房的好心情一扫而光。

再回到家，玛丽怎么看都觉得自己的房子不够好，也没有舒适、方便的感觉了。后来，她又劝丈夫"重新动动"，要在市区买房，而且还偏要和那位朋友住同一栋楼。夫妻俩为此整日吵架，身心俱疲，好好的家庭从此变得鸡犬不宁。

第四辑
做快活的人，拣尽韶华又是花

这就是攀比心理作祟的后果！攀比，是把自己的生活重心放在别人身上，将幸福建立在与他人比较的基础之上，只要尝试过一次"更好"的滋味，就想寻求到更多的"更好"。有道是"山外青山楼外楼"，别人那里总有更好的，于是自己所得到的变得毫无价值和意义，这是一个多么傻的念头。

幸好，人是能够主导自己的。面对自己和别人的差距，假如我们能够摆正心态，学着不计较，就能很大程度上减少内心的不平衡感，获得满足。要知道，每个人都是完全不同的个体，人与人之间的差异永远存在，并且这种差异并不具备可比性。比或被比，都不是寻找美好生活的正确途径。

更何况，生活的得失必然是守恒的，你想要得到什么，都要以另一种方式付出代价。别人的房子好，花的钱也会多，付出的辛苦自然就越多；自己不想太累，不想背负太重的经济负担，那就只能买个条件相对逊色的房子。其实这并没什么可抱怨和比较的。

清朝郑板桥做官前后均居扬州，以书画营生，他在《道

顿悟
洒脱的智慧

情》中写道:"门前仆从雄如虎,陌上旌旗去似龙,一朝势落成春梦,倒不如蓬门僻巷,教几个小小蒙童。"这句话正是警诫我们:不必羡慕别人一时的幸运与煊赫,虚荣不会久长,精神的惬意才最为重要。

L小姐和M小姐是同窗好友,L小姐的能力及家世都好,步入社会后事业即一帆风顺,短短几年就位居某公司经理,有房有车,意气风发不可一世;而M小姐虽有才能,不知是努力不够还是运气较差,几年下来工作始终不如意。

M小姐一度眼红L小姐的优秀,心里不免有股怨气:"哼,以后我要买比你更大的房子""买比你更高级的车子""我要比你更有出息"但是,很快M小姐发现这种攀比的生活方式一点也不快乐,于是她开始调整自己的心态:"我的房子不大,但温馨就好;我的工作平凡,但找到自己的价值就好……""L小姐的生活虽然值得羡慕,但这些都是她一步步奋斗出来的"。

之后,M小姐不再与L小姐攀比,而是开始安心地做自己的工作,并努力培养自己的实力。她对于工作是极其

第四辑
做快活的人，拣尽韶华又是花

认真的，稳扎稳打。最终凭借多年累积的经验、实力及资源，M小姐获得了施展的空间，事业渐入佳境。

看到了吧，幸福是属于自己的事儿，一直就好端端地在那里，不增也不减。保持平和的心态，知道自己想要什么，不和别人攀比，尽自己所能，无愧于社会、无愧于他人、无愧于自己，那么，我们的生活就一定会阳光灿烂，鲜花盛开。

所以，当我们心情烦躁的时候，不妨自问：我是否正由于攀比而处于心理失衡的状态？如果是，请赶紧远离这种比较。与其攀比别人，不如汲取一些别人的成功经验，内化为自己的优秀品质，尽最大的努力过好自己的生活。如此，你会发现，你的生活充满了愉悦、安然和幸福的味道。

顿悟
洒脱的智慧

|002| 别因模仿他人，而丢了真实的自己

每一个生命都以独特的姿态存在着，展示着自己独特的个性，彰显着自身独有的意义。然而，有些人却不懂得这个道理，他们亦步亦趋地效仿他人，希望自己能生活得像别人，结果呢？导致失去自我，得不偿失。

春秋时代，越国之女西施美貌倾城。举手投足，声音容貌，样样都惹人喜爱，不管走到哪里都有很多人向她行"注目礼"。西施的邻居是一个名叫东施的丑女子，她一天到晚做着当美女的梦。无论是在衣着方面，还是发式方面，她总是刻意地模仿西施。

西施患有心口疼的毛病，一天她的病又犯了，只见她手捂胸口，双眉皱起，流露出一种娇媚柔弱的女性美，更加楚楚动人了。当她从乡间走过的时候，乡里人无不睁大眼睛注视她。见此，东施便学着西施的样子，但是手捂胸

口的矫揉造作使她更难看了。人们看到她就像见了瘟神一般,远远地躲开了。

东施效颦之所以失败,就是因为她盲目效仿,把西施的形象生硬地搬到自己身上,结果失去了自己原本的个性,变成了惺惺作态、矫揉造作。

现代社会快速的生活节奏和巨大的生活压力,使得很多人心态变得迷茫,目标变得混乱。于是,一大批的现代"东施"出现了。他们盲目崇拜,简单模仿,喜欢跟风,就像墙头的轻草一样,哪里风大哪里倒,一点自己的主见都没有,人云亦云,堪比附庸。

盲目地模仿别人,表面上看起来只是个人的性格问题,其实它会给你的生活、事业套上无形的枷锁。因为你失去了信心,失去了用自己的头脑思索问题、做出抉择的能力,进而必定会失去自我,正如卡耐基所说:"整日装在别人套子里的人,终究有一天会发现,自己已变得面目全非了!"

阿伦·舒恩费教授曾说:"对于这个世界来说,你是全新的,以前从没有过,从天地诞生那一刻一直到现在,

顿悟
洒脱的智慧

都没有一个人跟你完全一样,以后也不会有,永远不可能再出现一个跟你完完全全一样的人。"是啊,上天造人各不同,人既有独特性,也有差异性,这是大自然的法则,也是大自然的规律。更重要的是,这种差异性也是大千世界丰富多彩之所在。倘若天下万物都是一般模样,人间大众都是一个形状,那么这个世界岂不是死气沉沉,毫无趣味。

所以,我们应该庆幸,自己是这个世界上独一无二的个体,有着其他人不具备的天赋和特点。我们完全没有必要去羡慕、嫉妒别人,更没有必要去模仿别人。我们要保持自我,完善自我。只有如此,我们才能够活出一个真实的自我,捍卫自己独一无二的地位。

对于这个道理,库莎历尽波折才明白。

库莎的妈妈很守旧,她认为库莎一定要像自己一样贤惠,做一个传统意义上的家庭主妇。所以,库莎一直在跟着妈妈学习穿衣打扮,为人处世,但她总是觉得自己是不被人喜欢的。

后来,库莎嫁给了一个比自己年长几岁的男人。婆家

第四辑
做快活的人，拣尽韶华又是花

是个平稳而自信的家庭，他们的一切优点在她身上似乎都无法找到。库莎总想尽可能地做得像他们一样好，但她就是做不到，不是表现得太活跃，就是感到无比沮丧。她认定自己是个失败者，变得喜怒无常，甚至想到了自杀……

但是，库莎没有自杀，她反倒真的像变了一个人。这一切，都源于她与婆婆一次偶然间的谈话。婆婆谈到自己带孩子的经历时，对库莎说道："无论发生什么事，我都让他们坚持做自己。"坚持做自己？库莎突然明白过来。

库莎刚开始之所以活得不够快乐，就是因为她忽略了自己的个性与需要，一直在模仿他人，强迫自己充当自己不大适应的角色。只有当她找到自我价值时，她的自信和快乐才会出现。

你就是你，没人能够代替你，你也无法替代别人。即便你模仿得很像，那也是别人的荣誉，而不是你的。只有充分认识到自己独一无二的地位，才有可能获得最大程度上的信心，进而活出一个真实的自我。

也许你没有漂亮的脸蛋，但是你有优美的嗓音；也许你没有窈窕的身材，但是你有一颗善良的心。你要相信自

顿悟
洒脱的智慧

己就是最棒的,敢于展示真实的自己,而不是刻意地去模仿别人。尊重上苍给你的才能,这才是真正适合你的,是只属于你的美丽。

|003| 释怀他人的评价，你的人生你做主

生活中，我们常常会不自觉地在乎别人的眼光，为了让别人满意，猜测别人的想法，猜想别人的评判，并小心翼翼地行事，唯恐别人指责。

以别人的标准来衡量自己的人，无非是想通过听取别人的意见，来获得更为和谐、更为良好的人际关系，这本无可厚非。但是，你要知道，每个人的利益角度是不一致的，每个人的主观感受也是不同的，即使我们千般小心、万般在意，也难以赢得所有人的欣赏。如果为此费尽心机，小心翼翼地行事，就很容易搅乱自己的心，失去原本的目标和方向。如此没有自我的生活必然是索然无味、苦不堪言的。

有这样一位公司职员，他一心一意想升官发财，可是从风华正茂熬到斑斑白发，却还只是一个不起眼的小职

顿悟
洒脱的智慧

员。这个人整天郁郁寡欢,每次想起自己的一生就掉泪,有一天竟然号啕大哭起来。

一位新同事刚来办公室工作,觉得很奇怪,便问他到底为何如此难过。他回答道:"唉,你有所不知。年轻的时候,我的上司爱好文学,我便学着作诗、学写文章,想不到刚觉得有点小成绩了,却又换了一位爱好科学的上司。我赶紧开始研究物理,不料上司嫌我资历太浅,还是不重用我。后来,换了现在这位上司,我自认文武兼备,人也老成了,谁知上司喜欢青年才俊,我……"

"我一直想得到上司的欣赏和重用,为上司们活了一辈子,但是……"说着,这个人又禁不住哭泣起来,"如今我年龄渐高,过不了几年就要退休了,却依然一事无成,你说我怎么不难过?"

这位职员因为在乎每一位上司的眼光,处心积虑地为每一位上司而活,最终还是没有获得重用,得到的只是懊恼和羞愧。即便他最后获得了上司的重用,他的心也是不得轻松、没有快乐感的,因为他已经分不清楚自己内心的真正追求究竟是什么了。

所以，对于别人的评论，我们应当学会释然。无论身处哪种境遇，我们都不必活在别人的世界里，处处担心别人怎么想自己，怎么看待自己，而应该在意自己在想什么，怎样安心做好自己。当你做到了这种释然，你就会体会到什么才是真实的、无忧无虑的生活。

蒂姆·邓肯是 NBA 史上第一前锋，现在是美国马刺队的当家球星，他有一个绰号叫作"石佛"。人们之所以叫他"石佛"，一是他的表情总是严肃冷峻的，二是他总是处事不惊，坚持自己的追求，而不在乎别人说什么。

有段时间，美国各篮球俱乐部进行全国总决赛，由于缺少了湖人大腕球星的身影，电视收视率大幅下降。有记者提问马刺是不是"收视毒药"，邓肯并不在意："我们不在乎这个，马刺队一心只想赢球。拿下总冠军，这才是最重要的。我的目标就是获胜，至于其他的，随别人怎么想。"

有人指责邓肯的球风过于朴素、性格太过沉闷、赛场表现毫无激情可言，但这丝毫不影响邓肯的士气和信心。他指出："我只是在按照正确的方式打球，我只是每年接

顿悟
洒脱的智慧

受挑战,我不需要引起别人的注意。"十几年如一日,他兢兢业业、勤勤恳恳,低调而且沉稳,最终用自己的努力证明了自己的能力。

"随别人怎么想!"这句话说得真好,还有一句话说:"20岁时,我们顾虑别人对我们的想法。40岁时,我们不理会别人对我们的想法。60岁时,我们发现别人根本就没有想到我们。"的确,大多数人都有自己的事情要做,并没有多少时间把注意力集中在我们身上。

比如,你当众不小心摔了一跤,惹得路人哈哈大笑。你当时一定很尴尬,认为全天下的人都在看你的笑话。但是,如果你站在别人的角度考虑一下,就会发现,其实这件事只是他们生活中的一个小插曲,甚至有时连插曲都算不上。他们顶多哈哈一笑,然后就把这件事忘记了。

所以,不必在意别人的冷漠表情、窃窃私语;不必费心去猜测、琢磨别人怎样评价你;更不必因为别人的评价而影响你自己的人生决定。记住,唯有你才是自己的主人,也唯有你对自己的人生有决定权。

第四辑
做快活的人，拣尽韶华又是花

|004| 不必羡慕别人，自己亦是风景

有这么一则寓言。

猪说假如让我再活一次，我要做一头牛，工作虽然累点名声好啊；牛说，假如让我再活一次，我要做一头猪，吃罢睡，睡罢吃，活得赛神仙；鹰说，假如让我再活一次，我要做一只鸡，渴有水，饿有米，住有房，还受人保护；鸡说，假如让我再活一次，我要做一只鹰，可以遨游天空，云游四海。

这是一种很有意思的现象：在人们看来，风景总在别处。小孩仰慕大人的成熟稳重，大人也会羡慕孩子的清纯率真；女孩羡慕男孩坚强豪放，男孩也会偷偷羡慕女孩的娇嗔灵动……殊不知，最好的风景往往就在自己的手中。

每个人在这个世界里都是一朵独一无二的花朵。每一

顿悟

洒脱的智慧

朵鲜花都有自己独特的姿态。如果你拥有一朵百合,那么就不必羡慕玫瑰。玫瑰有玫瑰的娇艳,但百合也有百合的清淡,两者没有根本的可比之处,两者都是可爱的,没有必要互相羡慕,不是吗?

在河的两岸分别住着一个和尚与一个农夫,和尚每天看农夫日出而作日落而息,生活非常充实,相当羡慕;而农夫看和尚每天无忧无虑地敲钟诵经,生活轻松,也非常向往。因此,他们心中产生了一个念头:"到对岸去!换个新生活!"

他们商量一番,达成了交换身份的协议。

当农夫做上了和尚后,才发现敲钟诵经的工作看起来悠闲,事实上却非常烦琐,每个步骤都不能遗漏。更重要的是,僧侣生活非常枯燥乏味,让他觉得无所适从。而成为农夫的和尚每天除了耕地除草之外,还要应付俗世的烦扰与困惑,这也让他苦不堪言。于是,他们的心中同时响起了另一个声音:"还是换回去吧!"

人们常说:没有得到的就是最好的。很多人也抱着这种心理。而当梦醒的时候，才会发现属于自己的才是最好的。其实，我们在羡慕别人的时候，自己也是别人眼中的风景。如此看来，我们真的没有必要去羡慕别人，而应该感谢上天所赐予自己的一切。

静下心来，学会理性地分析生活，以积极的心态迎接自己所拥有的，用欣赏的眼光享受当下的美景。你会发现，自己原来如此富足，进而获得心灵上的快乐和满足。

黄美廉生下来不久就被诊断出患有脑性麻痹，全身不能正常活动，肢体没有平衡感，手足时常乱动，口齿吐字不清。就是这样一个人，却靠着无比的毅力与信仰的扶持，拿到了美国南加州大学艺术博士的文凭。黄美廉还在中国台湾开过多次画展，并用她自己的事例，现身说法，帮助他人。

有一次，黄美廉应邀到一个场合"演写"（讲话困难的她必须以笔代口）。会后发问时，一个学生当众小声地问："你从小就长成这个样子，请问你怎么看你自己？你都没有怨恨吗？"对一位身有残疾的女士来说，这个问题是那样的尖锐而苛刻，在场人士无不捏一把冷汗，生怕会

顿悟

洒脱的智慧

深深刺伤了黄美廉的心。

但是,黄美廉却不介意,只见她回过头,用粉笔在黑板上吃力地写下了"我怎么看自己?"这几个大字。她笑着再回头看了看大家后,又转过身去继续写着:

一、我好可爱!

二、我的腿很长很美!

三、爸爸妈妈这么爱我!

四、上帝这么爱我!

五、我会画画!我会写稿!

六、我有只可爱的猫!

七、还有……

忽然,教室内鸦雀无声。黄美廉又回过头来静静地看着大家,再回过头去,在黑板上写下了她的结论:"我只看我所有的,不看我所没有的。"安静了几秒钟后,一下子,全场响起了如雷般的掌声,人们流下了感动的泪水。

在旁人看来,黄美廉是那么不幸的一个人,为什么她却一点也没有觉得自己不幸呢?一句话可以解开其中的奥秘:"我只看我所有的,不看我所没有的。"正因为她从来

第四辑
做快活的人，拣尽韶华又是花

不羡慕别人的生活，只关注自己所拥有的，才能不受外界的干扰干自己的事，也才能取得如此显著的成就。

不要再去羡慕别人如何如何，好好算算上天给你的恩典，接受它且善待它，守住自己所拥有的，并用适当的方式来告诉人们"我活得很好"，这是一种乐观而自信的心态。

不去羡慕别人，你的内心将变得豁达开朗，通达畅快；不去羡慕别人，你的日子就会变得悠然平静，从容不迫；不去羡慕别人，你才会找到自己的生活，过好你自己的日子。无论你是玫瑰还是百合，不必羡慕别人的美丽，用心地做好自己，终会有花团锦簇、香气四溢的一天。

顿悟
洒脱的智慧

|005| 演好自己的角色，生命就不会白费

什么是最成功的人生呢？这个概念实在过于抽象。但唯有一点是必须坚信不疑的，那就是，成功的人生并不在于你获得了多少东西，也不在于你一定要做得比谁更好，而在于你必须要做好自己，体现出自己的人生价值。

或许，你现在做得不够好，觉得自己与成功还有千里之遥；或许，你现在做得很好，觉得自己还想再做得更好。但是，不如自己也好，超越自己也好，比较的标准都是你自己，而非他人，比过去的自己更好，就过好了自己的人生。

每个人都是在人生舞台上扮演自己的演员。无论你是光彩照人的大人物，还是默默无闻的小人物，这些都不重要，重要的是你要演好自己。只要你发挥了自己最大的优势，就能让自己精彩，给人留有印象。

第四辑
做快活的人，拣尽韶华又是花

莉莎今年只有8岁，非常热爱表演。有一天，学校要排演一个大型的话剧"圣诞前夜"。莉莎感觉到自己的机会就要来了。在爸爸妈妈的鼓励下，莉莎走进了面试的地点。她原本以为，自己会成为主角，然而令她没想到的是，自己却只是扮演一只小狗。回到家，莉莎无比失望，连晚饭也不想吃。

妈妈看到莉莎的这个样子，心里也很难受，便和她聊天："莉莎，你得到了一个角色，不是吗？"莉莎红着眼："妈妈，你别安慰我了，我只能演条狗，只好汪汪叫！"妈妈看着她，严肃地说："你为什么会有这种想法？不要看不起这个角色，你完全可以用主演的心态去演戏。只要拥有主演的心态，你就是主演，即使角色只是一只狗。"莉莎听了妈妈的话，一个人对着镜子喃喃自语："对啊，其实我需要的是一个上台的机会，而不是一定要当主角！那只小狗狗，我不该看不起你的，毕竟你就是我。"

从这以后，莉莎再没抱怨过什么，全身心地投入排练之中。很快，圣诞节到来了，尽管莉莎不是主角，可是她用心的表演赢得了所有人的掌声。那个夜晚，每个人都记住了那只汪汪叫的可爱"小狗"。

顿悟
洒脱的智慧

生活中,如果我们像莉莎那样努力,带着主演的心情去生活,把自己当成主演,那么我们就会发现,其实自己正是那个羡慕已久的主演。

有的人一生也没有挣到房屋数栋,一辈子也没有拥有过香车美女,但是,他们一直安安心心地做自己,体现出了自己的人生价值,在回忆此生之时觉得不怨不悔,这不也是一种成功吗?他们没有在金钱、权力上有所收获,但他们收获的是整个人生。

人,每天奔波,所追求的应当是自我价值的实现以及自我珍惜。所以,我们不该为自己是他人眼中的主角就扬扬得意;也不要为别人的轰轰烈烈而无地自容;更不要为自己的平平常常而妄自菲薄。你就是自己人生的主角,只要能够尽心演好自己的角色,就是一种快乐,就是一种成功。演好自己的角色,生命就不会白费。

|006| 相信自己：我就是最棒的

"嗨，我算老几呀？"

我们不难听到这样的话。在说这些话的人心中，站在自己前面的人太多了。尤其是看到那些光鲜亮丽的人，总觉得自己如丑小鸭一般，绝不可能有成功的机会。可是，你想过没有——一个连自己都看不起的人，又有谁会看重他呢？

事实上，看轻自己的人，无论对待什么事情都没有自信。这个世界上不存在绝对不可能的事情，能否成功，关键在于是否能够爆发自身的潜能。如果你希望有所成就，就要学会相信自己，相信自己就是第一。

小时候，基安勒随父母移居到美国，由于家境贫困，从此他也过起了悲惨的童年生活，痛苦和自卑也成为他的不良印痕。有一天，他忍不住质问父亲为什么他们会这么

顿悟
洒脱的智慧

穷，他那碌碌无为的父亲告诉他："认命吧，孩子，你将一事无成。"这个说法令他十分沮丧，他不知道自己的出路在何方。直到有一天，母亲告诉基安勒："你要永远记住，你是最棒的。"母亲的话燃起了基安勒心底的希望之火。从此，他认定自己就是第一，没人比得上他。

当第一次去应聘时，基安勒没有交出自己的名片或者简历，而是递上一张黑桃A。黑桃A在他们的国家代表最大和最强。当时，经理怔了一下，然后直盯着他的眼睛，问他："你是黑桃A？"

"没错。我就是黑桃A！"基安勒也注视着经理的眼睛。

"为什么是黑桃A？"经理的目光有些咄咄逼人了。

"因为黑桃A代表第一，而我刚好是第一。"基安勒迎着经理的目光，毫不回避。

就这样，基安勒就被录用了。

之后，基安勒每天睡觉前都要重复几遍说："我是第一，我是第一。"日复一日，这种鼓舞性的暗示坚定了他的信念和勇气。他成功了，而且是真正的世界第一。他一年推销了1425辆车，创造了吉尼斯纪录。

第四辑
做快活的人，拣尽韶华又是花

基安勒为什么能够从一个默默无闻的穷小子一跃而为世界富翁？秘诀就在于自信。是自信贯穿于他的事业，奠定了他成功的基础。

你敢不敢像基安勒那样对别人大声地说，"没错，我就是黑桃 A""我是第一"？很多人是不敢的。分析许多人失败的原因，不是因为天时不利，也不是因为能力不济，而是因为心虚，怀疑自己的能力，总觉得自己这也不是、那也不行。马克思说："伟大人物之所以看起来伟大，只是因为我们自己在跪着看他。"自卑正是使你"下跪"的原因，而"跪着"的你并不是你真正的高度。

世界上原本没有什么依仗魔力便获得成功的人，谁也不是天生的伟人。开始时，其实所有人都在同一条起跑线上，只是那些成功的人总是愿意相信自己，先坚定自己必胜的信心，并主动展现自己的能力，最终取得了辉煌的成就。

这正印证了爱默生的一句名言："相信自己'能'，便攻无不克。"

从 20 世纪初开始，无数人都渴望完成一个看似不可

顿悟
洒脱的智慧

能完成的目标：在 4 分钟内跑完 1 英里。1945 年，瑞典人根德尔·哈格跑出 4 分 01 秒 4 的成绩，此后的 8 年里没有人能够超越他创下的成绩，而且所有人都认为自己做不到。

在这沉寂的 8 年中，就读于牛津医学院的罗杰·巴尼斯特却始终梦想着突破 4 分钟极限。他是个不服输的人，也坚信自己能够做到，他不停地提高跑步速度。终于在 1954 年，罗杰·巴尼斯特超出了所有人的意料，跑出了 3 分 59 秒 04 的成绩，打破了关于"极限"的这个概念，书写了新的世界纪录。

面对 8 年无人打破的极限，巴尼斯特与常人不同的是，他多了一份"我能够成功"的积极信念，这促使他不停地提高跑步速度，最终得偿所愿。试想，如果巴尼斯特内心的信念是虚弱的，潜意识中认为自己不行，那么即便他具备了能力，恐怕也会因为不自信而真的不行。

"我就是黑桃 A"不是夜郎自大、得意忘形，更不是毫无根据地自以为是或盲目乐观，而是指在无人为你鼓掌的时候，给自己一点鼓励；在无人安慰自己的时候，为自

第四辑
做快活的人，拣尽韶华又是花

己擦掉眼泪；在自惭形秽的时候，给自己一点自信。

无论何时，相信自己最棒，在潜意识里播种"我是第一"的信心，这样，我们的个性就会真正强硬起来，我们的能力就能得到最大限度的发挥。你的人生也会因为你的自信而变得美好。

> 顿悟
> 洒脱的智慧

第八章 换一种心态，换一种人生

> 生活的快乐与否，完全决定于个人的心态。你的态度，决定了你一生的高度。生活中难免遇到烦恼和痛苦，但是假如我们换种角度、换个心态，调整脚步多往阳光处走，以阳光的情怀看待一切，那么就会发现，事实远没有想象中的那样糟糕。随时打开你的心灵之窗，让阳光照进你的心里。

|001| 越积极的人越幸运

生活中，每个人不可能是一帆风顺的，或会遇到困难，或会遭遇挫折，或是体验各种变故，这时候有些人很容易会心烦意乱，萎靡消沉，甚至一蹶不振，陷入消极被动的恶性循环，难以自拔。

你希望自己一辈子生活在绝望中吗？你甘愿自己一生平庸无为吗？如果你的答案是否定的，那么现在就调整自己的心态，学着用积极的心态看待生命中的不幸，你会发现内心获得了全新的感受，不利的局面将一点点地打开。

因为，好运气，能"制造"。

你是否留意到：有时，你心里想要的东西会接连不断地出现在你眼前，你渴望发生的事情会奇幻般地发生。比如，你在街头行走的时候突然遇到了自己梦寐以求要见的人；你想要一个笔记本电脑，朋友果真将它作为生日礼物送给了你；在恰当的时间和地点遇到了一个满意的终身伴侣……相信很多人有过这样的体验。

想要什么就来什么，太玄妙了！听上去有些不可思议，实际上，这都是心态的作用。心态有时会决定人的命运，积极心态就是转运的阳光。因为，它会让你看到生活的另一面正阳光灿烂，激发自身内在的积极力量和优秀品质，最大限度地挖掘自己的潜力，让事情向有利于我们的方向发展。

电影《倒霉爱神》恰恰给我们展示了这个事实。

女主人艾什莉好比上帝的宠儿，始终受到美好生活的眷顾。随便买一张彩票就能够中头奖；在繁忙的纽约街头

顿悟
洒脱的智慧

想要搭计程车,很快就有好几辆车都向她驶来;毕业后不费周折就在一家知名的公司做了项目经理。她的生活和工作可谓是一路畅通,惬意而幸运得让人嫉妒。

男主人杰克好比世上的天煞霉星,有他出现的地方就有霉运。医院、警察局、中毒急救中心,是他经常光顾的地方。新买的裤子看上去好好的,可一穿就断线;工作上他更没有艾什莉那么幸运,他不过是一家保龄球馆的厕所清洁员。

看到影片中这些零碎的片段时,众人不禁哑然失笑,但也会感慨:同样是人,怎么差别这么大?有人就是幸运,有人就是倒霉!其实,这不是运气的问题,而是心态在发挥作用。对于艾什莉来说,她的内心充满着对好运气的渴望,她所做的一切都在朝着好运的方向努力,积极的生活态度自然给她带来惬意美好的生活。反观杰克,他为何就像一块倒霉的磁铁呢?那是因为他的潜意识里不断地提醒他,就快有霉运来了。于是,正如他所想,倒霉的事真的接二连三地来了。

美国企业家理查·狄维士也曾告诫我们说:"人们需

第四辑
做快活的人，拣尽韶华又是花

要保持着内心积极的力量，从始至终、永不放弃。特别是在人生中不如意、不顺心、不快乐的阶段，更是需要拥有充足的心灵资源来支撑度过。"面临逆境时，我们不能自甘堕落，而是要及时地调整情绪，改变自己的心态。只要我们以乐观、向上、愉悦的积极态度面对人生，就会发现，生活里原来到处都是好运，就能突破重围，任何难题都将迎刃而解。这一点适用于每一个人、每一种场合。

那么，什么是积极的心态呢？让我们看看下面的例子吧！

查理出身贫寒，初中毕业后他就离开了家，赌博，斗殴，酗酒，同"边缘人物"混在一起。军事冒险者、逃亡者、走私犯、盗窃犯等一类人都成了他的同伴。最后，他因走私麻醉药物而被捕，受到审判并被判了刑。查理进监狱时声言任何监狱都无法关住他，他会寻找机会越狱。

但此时发生了一件事情，查理的妈妈寄来一封信："你提起被关在监牢多么难受，我真的可以理解。查理，你可以选择看着铁窗，也可以选择透过它看外面的世界；你可以成为囚友的榜样，也可以与那些捣乱分子混在一起。这

顿悟
洒脱的智慧

一切，都在于你内心的选择。"看完妈妈的信，查理悔悟了，他决定停止敌对行动，争取好的表现，变成这所监狱中最好的囚犯，进而改变自己的人生。

积极的心态让查理看起来热切和诚恳，因而博取了狱吏的好感。从那一瞬间起，他整个的生命浪潮都流向对他最有利的方向，他顺利地获得了一份电力工作。"我一定要干好这份工作，我可以的。"查理继续用积极的心态从事学习和工作，他成了监狱电力厂的主管人，领导着一百多人。他鼓励他们每一个人把自己的境遇改进到最佳的状态，最终他和他的囚友们都提前出狱，重回社会。

查理曾经被判刑入狱，如果他继续往原来的方向奔去，谁知道他会变成什么人啊。幸好妈妈的信件使他学会了用积极的心态去解决他的个人问题，终于把他的世界改造成为适合生活的更好的世界。他得到了平静的心情、幸福、热爱和人生中有价值的东西，这就是积极心态的力量。

可见，积极的心态就是用积极的思想、语言不断提示鼓励自我、安慰自我，克服悲观、沮丧和恐惧心情，在内心里认为自己能够成功、正在进步，并且会越来越好，从

第四辑
做快活的人，拣尽韶华又是花

而使心理状态得到自我调整，激发出自身内在的积极力量和优秀品质，进而最大限度地挖掘出自己的潜力。

詹姆士·艾伦在《人的思想》一书中说："一个人会发现，当他改变对事物和其他人的看法时，事物和其他人对他来说就会发生改变。要是一个人把他的思想朝向光明，他就会很吃惊地发现，他的生活受到很大的影响。人不能吸引他们所要的，却可能吸引他们所有的……能改化气质的神性就存在于我们自己心里，也就是我们自己……一个人所能得到的，正是他们自己思想的直接结果……有了奋发向上的思想之后，一个人才能奋起、征服，并能有所成就。"

美国著名的企业家理查·狄维士也极为推崇积极的心态，他甚至将毕生卓越的经营理念就归结为"积极思考"，或称为"积极心态"。他认为："拥有积极向上的心态，这是培养领导力、取得事业进展的关键；生活在当下的每一个人，都需要掌握积极思考的智慧。"

记住，你的心态是你，而且只有你唯一能够完全掌握的东西。练习控制你的心态，并且利用积极心态来引导它。接下来就很简单了，等待好运的出现，这是真的！就如日

顿悟
洒脱的智慧

本的西田文郎所言:"我敢如此断言,因为幸运是有原则的,只要遵循着幸运的大原则去生活,人生就会一路幸运,好运挡也挡不住。"

此处列出一些有重要意义的提示语,以供参考:

如果相信自己能够做到,你就能够做到;

在我生活的每一个方面,都一天天变得更好而又更美好;

我凭借自己的行动,就能变成我想做的人;

我觉得自己很棒,好得不得了!

……

|002| 假装快乐，你就能真的快乐

在生活中，你有没有过这种体验：当你认为周围的事不顺心，处处都是烦恼时，心里就会产生烦躁情绪，做起事来更急躁，对他人也更没有耐心。结果，这很容易令你所做的事情出现差错，使你的人际关系变得糟糕。而这又会导致你情绪更加低落，渐渐形成了一种恶性循环。

怎么办？日子总是要继续的。如果你暂时无法改变这种境遇，那么你可以做到改变行动，然后通过行为来改善情绪。也就是说，接受这一切，然后把嘴角上扬，装出一副开心的样子，勇敢地面对它。

假装快乐，假装微笑，也许刚开始很像自我欺骗，有点勉强，但是假装快乐确实是一种快速调整情绪的好方法，可以使人们尽快脱离不良情绪。形成习惯以后，快乐就仿佛长在了身上，成为了身体的一部分。关于这一点，就连实用心理学大师威廉·詹姆斯也说："如果你不开心，

顿悟
洒脱的智慧

那么,能变得开心的唯一办法是开心地坐直身体,并装作很开心的样子说话及行动。"

这是因为,人类身体和心理是互相影响的,某种情绪会引发相应的肢体语言,肢体语言的改变同样也会导致情绪的变化。当无法调整内心情绪时,你可以调整肢体语言,带动出你需要的情绪。比如强迫自己做微笑的动作,就会发现内心开始涌动欢喜,所以假装快乐,你就会真的快乐起来,这就是身心互动原理。

不信?你可以先在脸上堆起一个大大的、真诚的微笑,放松肩膀,深吸一口气,再唱首歌。如果不会唱,就吹口哨,不会吹口哨的,就哼唱。很快,你就会明白威廉·詹姆斯的意思——如果你的行为散发的是快乐,就不可能在心理上保持忧郁。体会了其中的真谛,你的人生将会充满快乐。

我们来看一个经典的故事。

有一个女孩小时候不小心跌倒了,结果左额上留下了一块伤疤,这让她觉得自己很丑,她不愿意和别人打招呼,甚至不愿意抬头走路,每天情绪都很低落。一天,妈妈送

第四辑
做快活的人，拣尽韶华又是花

给女孩一只发卡，发卡别在头发上正好挡住了那块伤疤。女孩立刻觉得自己变漂亮了，于是就别着发卡出门了。

一整天女孩都觉得心情很好，好像每个人对她都比平时更亲切，她也主动和别人打招呼，上课听讲也更认真了，因为她觉得好像每个老师都在注意她。回到家里，女孩兴奋地和妈妈说："妈妈，你送给我的这个发卡实在太神奇了！我从来没有感觉这么好过。"接着，她把当天在学校发生的一切和妈妈讲了。

妈妈听后，纳闷地说："女儿，可是你今天并没有戴这个发卡啊。你看，早上你出门后，我在门口捡到了它！"

故事中这个女孩的变化，与其说是因为发卡的存在，不如说是一种假装的艺术，她觉得自己很开心所以就真的很开心。这也正好印证了潜能开发专家安东尼·罗宾说的话："你有什么样的感觉，你就有什么样的生活。"

微笑是最美丽的符号，为何要板着脸不苟言笑呢？许多事情我们无法改变，但好心情也要随之消失吗？当然不是，即使那些没有头绪的问题使你焦头烂额，但起码也要使自己保持好情绪，笑一笑，那样，好心情不仅挂在你

顿悟

洒脱的智慧

脸上,而且喜在你心头,快乐真的就会源源不断地向你"袭来"。

山姆原本是一个不起眼的年轻人,他的工作就是每天站在工厂里的车床旁边卸下螺丝钉。一开始他非常厌倦这个工作,但当他发现无法改变现状时,就想:"与其这样郁闷,倒不如开心一点吧。"琢磨来琢磨去,他决定和旁边的同事比赛。他们一个磨平螺丝钉头,另一个负责整修螺丝钉的大小。

接下来,山姆将工作当成了一项快乐的游戏,他整天兴趣百倍地工作着,优秀的成绩使他赢得了很多赞誉。对此,山姆解释道:"虽然只是假装喜欢自己的工作,但我真的就多少有点喜欢它了。后来,我发现自己真的喜欢上了这份工作,一旦喜欢了自己的工作,效率就提高了。"

听着大家的称赞,山姆更加喜欢这个工作了,结果这种新的工作态度,让经理认为他是个好职员,山姆很快被提升到更高的职位。山姆的优秀表现使这条晋升之路一帆风顺,最终成了行业中的佼佼者!"竞争如此激烈,我不能垮掉,也不敢垮掉,我就假装快乐。微笑是免费的,

第四辑
做快活的人，拣尽韶华又是花

假装快乐不用花一分钱，但它们却能伴随我渡过许多难关……"这正是山姆的成功秘诀。

在这里，山姆的成功看似是能力的提升，其实是一种情绪的变化，一种自我心理调节，他的"假装快乐"最终弄假成真了。如果当初他没有假装快乐，他就不会改变对工作的态度，或许他这一辈子都只是一个卸螺丝钉的工人。

可见，情绪不仅需要修炼，还要学会演绎，也就是说，有时候我们通过"表演自我"，将调整而得的最佳身心状态"诱导"出来。当然，这种表演并不等于虚伪做作，而是借助脸部或者身体表现出积极的情绪状态，进而把积极信号反馈回大脑，然后再诱发出真实的情绪感觉。

假装不只是一种快乐的哲学，更是一种人生的境界。作为一个奔波在繁杂都市中的普通人，我们每天都不可避免地要面临各种各样的难题，当你对现状无能为力时，当你对生活心有不满时，不要乱，不要慌，深吸一口气，稳定心神，微笑着告诉自己："一切都很好，是的，我能应付。"

顿悟
洒脱的智慧

|003| 抖出鞋底的小沙砾，别让小事坏了心情

一个人正准备享用一杯香浓的咖啡，餐桌上放满了咖啡壶、咖啡杯和糖，心情无比放松。这时一只苍蝇飞进房间，嗡嗡作响直往糖上飞，顿时好心境全无，烦躁无比，起身追打苍蝇，于是桌子翻了，杯子碎了，咖啡汁遍地皆是。片刻之间房间一片狼藉，而最后苍蝇还是悠悠地从窗口飞走了。

在生活中，我们随时可能会遇到类似的情景，情绪常被一些小事情羁绊，弄得非常心烦意乱……"很多时候，让我们疲惫的并不是脚下的高山与漫长的旅途，而是自己鞋里的一粒微小的沙砾。"哲人的这一句话一针见血地道出了我们烦恼的根源，指出生活很可能会被一些小事给拖垮了。

让我们先来看一个故事。

第四辑

做快活的人，拣尽韶华又是花

在科罗拉多州的一个山坡上，躺着一棵已有140多年历史的大树残躯。在漫长的生命长河中，它曾被闪电击中过14次，被无数次狂风暴雨侵袭，但是它都坚持了下来，结果后来一群甲虫的攻击却使它永远倒在了地上。那些甲虫虽然小，但它们从根部向里咬，持续不断地蚕食，渐渐损伤了树的根基。这样一棵巨木，岁月不曾使它枯萎，闪电不曾将它击倒，狂风暴雨不曾动摇过它，却因一群用大拇指和食指就能捏死的小甲虫倒了下来。

我们不就像森林中那棵身经百战的大树吗？我们也经历过生命中无数狂风暴雨和闪电的袭击，也都撑过来了，可是却总是让忧虑这个"小甲虫"侵蚀。你是否因为在上班的途中遇到堵车，烦躁随之而来？你是否因为不小心被人踩到了脚，心情变得异常糟糕？

你甘愿被这些小烦恼困扰吗，甘心被鞋底的"沙子"拖垮吗？不，你要想办法解决它，摆脱它。因为生活是丰富的，活着不是为了生气，我们每日每时有许多事情要去做，还有那么多的美好和快活有待我们去欣赏和感受。

常为小事烦恼，人生苦多乐少。事实上，那些过得快

顿悟
洒脱的智慧

活而安然的人会随时倒出那些烦人的"小沙砾"。他们心胸宽广,心境超脱,不为鸡毛蒜皮之事斤斤计较,如此也就求得了心理上的平静,"境随心转得安然"。内心世界清静了,也就能腾出更多的精力去放眼世界,以一个高屋建瓴的视角去俯瞰红尘中的万千事物。

有些事情我们在经历时总也想不通,直到生命快到尽头时才恍然大悟。换句话说,一个人会觉得烦恼,是因为他有时间烦恼。一个人会为小事烦恼,是因为他还没有大烦恼。因为若遇到大烦恼,遇到生命危险的时候,才发现原先的小烦恼是那么渺小、荒谬,实在没有理由值得为此烦恼。

"二战"期间,一位名叫罗伯特·摩尔的美国人的经历给我们深刻的启迪。

1945年3月,罗伯特和战友在游弋在太平洋的潜水艇里执行任务,他们从雷达上发现一支日军舰队朝这边开来,于是就向其中的一艘驱逐舰发射了三枚鱼雷,可惜都没有击中,却被对方发现。3分钟后,天崩地裂,6枚深水炸弹在四周炸开。深水炸弹不断投下,整整15个小时,

第四辑
做快活的人，拣尽韶华又是花

有二十多个深水炸弹在离他们50英尺左右的地方炸开。若深水炸弹离潜水艇不足17英尺的话，潜水艇就有可能被炸出一个洞来。

"这回完蛋了"，罗伯特吓得不敢呼吸，全身发冷，牙齿打战。这15个小时的攻击，感觉上就像有1500年。过去的生活一一浮现在眼前，他想到自己曾为工作时间长、薪水少、没机会升迁而发愁，也曾为没钱买房子、买车子、买好衣服而忧虑，还为自己额头上的一块伤疤发愁过。以前这些事看起来都是大事，可是在深水炸弹快要把自己送上西天的时候，罗伯特觉得这些事情是多么荒唐、渺小。他向自己发誓："如果我还能有机会看见明天的太阳，我永远也不会再为那些小事烦恼了。"

15个小时之后，那艘布雷舰的炸弹用光，攻击停止了。自此，罗伯特过上了另外一种全新的生活，他再也没有为生活小事感到烦恼过，不纠缠，不羁绊，变成了一个内心安定与平静的人，无疑这为他在战后的生活中创造了巨大优势。

"如果还有机会看到太阳和星星的话，我一定不为小

顿悟
洒脱的智慧

事而烦恼",这是经过大灾大难才会悟出的人生箴言！当死亡临近的那一刹那,其他什么事情都会变得渺小。毕竟生命是无价的,任何代价都换不来生命,死亡是最大的烦恼。人生在世,时间短暂,何必为小事斤斤计较呢?

而且,从医学的观点看,经常为小事烦恼,对身心健康也是极其有害的。有一首曾经很流行的诗歌《莫生气》,歌词说得好:"人生像是一场戏,因为有缘才相聚。相遇相知不容易,是否更该去珍惜。为了小事发脾气,回头想来又何必,别人生气我不气,气出病来无人替。我若气坏谁如意,而且伤神又费力。"

总之,难过也是一天,快乐也是一天。你的今天要怎么过,完全取决于你。随时倒出鞋底烦人的"小沙砾",对自己说:"我还能有机会看见明天的太阳和星星,何必为那些小事烦恼""这只是一件鸡毛蒜皮的小事,根本不值得我发火"……如此做了,你将走出坏情绪的旋涡,心情也必会焕然一新。

|004| 学着在黑暗中寻找光明

太阳东升西落，于是就有了一天的昼和夜。昼夜交替，顺逆相依，这本是自然运转的规律。问题是很多人身处黑夜，看不到希望、看不到转机时，往往如同热锅上的蚂蚁，失去理智，不能判断方向，手忙脚乱，结果无功而返。

身处黑夜困境并不可怕，可怕的是丧失斗志，放弃希望。人生的成功与否，其实在于心境，在于我们能否在黑夜中寻找光明。事实上，黑暗中我们还有很多事情可做，比如顺手"摘下一个苹果"。

这里有一个很动人的小故事。

在一座香火旺盛的寺庙里，住持年岁已高，便想从众多的弟子中，选出一个能担当大任的人继承他的衣钵。为了公平起见，这天，他将所有弟子召集在一起，吩咐说："每人去南山打一捆柴，谁打的柴最多，我就将住持的位

顿悟

洒脱的智慧

置传给谁。"

徒弟们听后，欢呼雀跃，心想：不就打一捆柴吗？这有何难。但当他们匆匆行至离山不远的河边时，人人都目瞪口呆。只见洪水从山上奔泻而下，无论如何也休想渡河打柴了。无功而返，弟子们都有些垂头丧气。唯独一个小和尚与住持坦然相对。

住持问其故，小和尚从怀中掏出一个苹果，递给住持说："过不了河，打不了柴，见河边有棵苹果树，我就顺手把树上唯一的一个苹果摘下来了。"后来，这位小和尚成了住持的衣钵传人。

记得诗人顾城的诗中有这样一句话："黑夜给了我黑色的眼睛，我却用它寻找光明。"的确，身处黑夜，不自暴自弃，仍然仰望光明并孜孜以求，哪怕抓住的只是身边细小的机会，有可能只是捡到一个"苹果"，也有可能使自己成为一个自强不息的人，谱写出一曲自强不息的人生赞歌。

纵览古今，抱定这样一种生活信念的人，最终都实现了人生的突围和超越。其中，海伦·凯勒就为我们树立了

第四辑
做快活的人，拣尽韶华又是花

楷模形象。

1880年，海伦·凯勒出生于亚拉巴马州北部一个叫塔斯喀姆比亚的城镇。在她一岁半的时候，一场猩红热夺去了她的视力和听力——她再也看不见、听不见，接着她又丧失了语言表达能力。海伦仿佛置身在黑暗的牢笼中无法摆脱。万幸的是她并不是个轻易放弃的人，她渴望光明。

不久，海伦就开始利用其他的感官来探查这个世界了。她跟着母亲，拉着母亲的衣角形影不离。她去触摸，去嗅各种她碰到的物品。她模仿别人的动作，且很快就能自己做一些事情，如挤牛奶或揉面。她甚至学会靠摸别人的脸或衣服来识别对方，她还能靠闻不同的植物和触摸地面来辨别自己在花园的位置。

当然，对于一个聋盲人来说，要脱离黑暗，走向光明，最重要的是要学会认字读书。而从学会认字到学会阅读，更要付出超乎常人的毅力。海伦是靠手指来"观察"家庭老师莎莉文小姐的嘴唇，用触觉来"领会"她喉咙的颤动、嘴的运动和面部表情的，而这往往是不准确的。她为了使自己能够说对一个词或句子，要反复地练习，最终她凭借

顿悟
洒脱的智慧

自己的努力考入了美国哈佛大学的拉德克利夫学院。在大学学习时，许多教材都没有盲文本，要靠别人把书的内容拼写在手上，因此海伦在预习功课的时间上要比别的同学多得多。当别的同学在外面嬉戏、唱歌的时候，她却在花更多时间努力备课。

就在这黑暗而又寂寞的世界里，海伦竟然学会了读书和说话，并以优异的成绩毕业，成为一个学识渊博，掌握英、法、德、拉丁、希腊五种文字的著名作家和教育家，她的《假如给我三天光明》感人至深。之后，她走遍美国和世界各地，为盲人学校募集资金，把自己的一生献给了盲人的福利和教育事业。她赢得了世界各国人民的赞扬，并得到许多国家政府的嘉奖。有人曾如此评价她："海伦·凯勒是人类的骄傲，是我们学习的榜样，相信众多的因疾病而聋、哑、盲的人都能在黑暗中找到光明。"

阴影恰好证明了阳光的存在，在黑夜中也能寻找到光明，海伦·凯勒并没有因为自己视野的盲区而遮住人生绚丽多姿的风采。原来，眼盲并不算是永别了光明。世界上没有无边的黑暗，只要拥有坚强的毅力和不惧黑暗的勇气，终究会看到黎明时喷薄而出的太阳，这也正是追求光明的意义所在。

假设，如果海伦·凯勒的心完全被黑夜占据，迷失在自我沉沦中，那么即使艳阳高照，她的心仍然是冰冷的，生活是阴郁的、黑暗的，更别提做出一番有意义的作为了。也就是说，一个人心中没有了希望，也就没有了斗志，他就被彻底地击败了。人如果没有理性的照耀，那才是真正的黑暗。

中国有一句古话，叫"天无绝人之路"。绝境之中往往也蕴含着机会，只要我们不绝望，不放弃，保持不灭的信心，在困境中找希望，哪怕这个希望只有万分之一，哪怕有可能只是捡到一个"苹果"，但这就是转机，是我们能否成功的关键，正可谓"幸运之神的降临，往往因为你多看了一眼"。

青霉素的发明就是一个很好的例子。

英国医学家亚历山大·弗莱明多年来一直在进行细菌的研究工作，他的研究对象是能置人于死地的葡萄球菌，为此需要经常培养细菌。1928年的一天，由于葡萄球菌

顿悟
洒脱的智慧

培养基的盖子没有盖好，靠近封口的葡萄球菌被溶化成露水一样的液体，而且显示为惨白色。看来这次实验又失败了，弗莱明有些苦恼。

弗莱明刚想把这个"坏掉"的培养基扔掉，但是他又看了看，心想："这是什么物质呢？一定是有一种奇特的东西，把毒性强烈的葡萄球菌制伏了，消灭了。"于是，他对封口的泥土进行了化验和提炼，加倍仔细地观察、分析。终于，一种能够消灭病菌的药剂——青霉素被发现了，人类的医疗事业翻开了新的一页。

巴尔扎克说过这样一句话："机缘的变化极其迅速，显赫的声名总是由无数的机缘凑成的。"这并不是说幸运的机缘有多么吝啬，而是要我们善于发现机缘。这种"善于"便是在黑暗中寻找光明，比他人再"多看一眼"。别忘了摘个"苹果"回来，不放过任何一个可能，并努力将它变为一种成功。

即使欢乐常有，不顺心的事也不可避免。在光明下欢笑是一种本能，而在黑暗中欢笑则是一种品质。在黑夜中寻找光明，需要具有"天生我材必有用，千金散尽还复来"

第四辑
做快活的人，拣尽韶华又是花

的旷达，需要具有"采菊东篱下，悠然见南山"的闲适。这是一种心胸的宽广，也是一种力量的博大，更是一种从容的安然。

顿悟
洒脱的智慧

|005| 借助幽默的力量排解痛苦

职场失败的酸楚，人际关系的不协调，生活上的经济窘迫，这些不如意都会给人带来很多的烦恼。这时候，如果我们情绪上低落、忧虑或者紧张，那么多少都会影响到正常的思维，不能全面分析问题，进而将快乐推开得更远。

此时，为何不试着幽默一下呢？在心理防御机制中，幽默是化解痛苦的一种有效方法。很多心理学家根据多年的实验得出了这样一个心理学结论：当你痛苦的时候，用幽默的方式去理解痛苦，你会得到更多正面的解释，更容易了解痛苦的合理性，从而降低痛苦对你的负面影响。

张炜是某公司的业务代表，最近他不幸地出现了强迫症的表现，比如在走路时控制不住地要跳过井盖。为此他非常沮丧。晚上他躺在床上时想："遇到困难时别总垂头丧气，想个高兴事吧！对，想想卓别林演的电影吧。自己

第四辑

做快活的人，拣尽韶华又是花

总强迫性地跳过井盖，就好像电影中那位男主人公一样，见到螺丝一样的东西就拿扳子拧，在工作流水线上拧螺丝，下班去拧女士们大衣的纽扣。"当张炜想到幽默大师那么认真、幽默的表演时，止不住笑了起来，心情一下子变得好多了。

由于这种症状影响到了工作，张炜从总公司被调至分公司工作。决定人事变动的经理以安慰的口吻对他说："你也用不着气馁，不久以后，我们还是会把你调回总公司的！"已经尝到幽默"甜头"的张炜以第三者的口气，毫不在乎地说道："哪里？我才不会气馁呢！我只不过觉得有点像董事长退休时的心情而已。"

面对身体上的疾患，面对工作上的调动，任谁都无法坦然地接受，但是张炜不气馁，不暴躁，他懂得靠幽默来调节自己，从而消除了内心的郁闷，使自己以良好的心态投入到生活和工作中去。的确，烦恼、痛苦、忧虑、紧张会影响我们的理性判断，而幽默恰恰可以化解这些负面因素，促使理性思维的回归。

用幽默的心情看待人生，其实正是现代人应有的生活

> **顿悟**
> 洒脱的智慧

态度。有幽默感的人，凡事健康思考，保持正面态度，当遇到麻烦时，往往就容易化险为夷。

出身穷苦的林肯曾多次面对挫败，八次竞选八次落败，两次经商失败，甚至还精神崩溃过一次。然而，在这当中他学会以自嘲、调侃、讲大白话等幽默方式来排解无尽的烦恼，营造内心的愉悦，进而完善了自己的人格，也改变了自己的命运。

下面是几则林肯的小事，我们完全可以领略其幽默的穿透力。

林肯的容貌是很难看的，他自己也知道这一点。一次，他和竞选对手斯蒂芬·道格拉斯进行辩论，道格拉斯指控林肯说一套做一套，是一个地地道道的两面派。林肯答道："现在，让听众来评评看。要是我有另一副面孔的话，您认为我会戴这副这么难看的面孔吗？"他的话逗得大家哄堂大笑，连道格拉斯本人也跟着笑了起来。

林肯当上总统后，由于出身低微，总有政敌想方设法来侮辱他。有一次，在公开场合，他收到下面传来的一个纸条，上写"笨蛋"两个字。林肯瞄了一眼，知道这是

第四辑
做快活的人，拣尽韶华又是花

有人在捣乱。他没有生气，而是笑着对广大听众说："我们这里只写正文，不记名。而这个人只写了名字，没写正文。"

林肯的妻子成了总统夫人之后，脾气愈来愈暴烈。她不但随意挥霍，还常对人大发淫威，一会儿责骂裁缝收费太多，一会儿又痛斥杂货店的东西太贵。有一位吃够了总统夫人"苦头"的商人找林肯诉苦，林肯苦笑着说："先生，我已经被她折磨了15年了，你只需要忍耐15分钟不就完了吗？"

林肯的笑是苦恼的笑，是一种在困境中的乐观，这使得他的幽默更有感染力，也更深入人心。一位智者曾说："聪明的人懂得幽默，幽默的人充满阳光，阳光的人快乐地生活。"当生活中遇到什么难题时，我们不妨来一点幽默。有了幽默，我们就可以用欢笑来代替苦恼；借着幽默的力量，我们能使自己超越痛苦。

幽默是人类面临生活困境而创造出来的一种健康品质，它以愉快的方式方法体现人的真诚、大方和善良的心灵。它是追求向上者挑起人生重担所必须依靠的"拐杖"，

顿悟
洒脱的智慧

能使人自在地感受到自己的力量同时，独立应付任何困境，战胜任何困难，更可能改变一个人的性格，甚至改变一个人的生活和命运。

那么，我们应当怎样培养自己幽默的能力呢？首先，幽默是一种智慧的表现，它必须建立在丰富知识的基础上；其次，心态要积极健康，性格要开朗乐观，对生活充满信心与热情，为人雍容大度；最后，要有高尚的情趣、丰富的想象，从而做到妙言成趣，恰如其分，符合时宜。

|006| 不钻牛角尖，人也舒坦，心也舒坦

有句话说得好："日出东海落西山，愁也一天，喜也一天；遇事不钻牛角尖，人也舒坦，心也舒坦。"的确如此。什么是钻牛角尖呢？在一般情况下，钻牛角尖用于形容遇事思维僵化，办事不知变通，最终山穷水尽、无法自拔。

章鱼是海洋生物中一种庞大的动物，成年章鱼体重将近32公斤，不过它们的身躯却非常柔软，而且没有脊椎，这使得它们可以随意将自己塞进任何一个想去的地方，甚至一个银币大小的洞，以伺机捕捉其他海洋生物。但是，聪明的渔民们有办法制伏章鱼。他们将小瓶子用绳子串在一起深入海底。章鱼一看见小瓶子，都争先恐后地往里钻，不论瓶子有多么小、多么窄。结果，这些在海洋里无往而不胜的章鱼成了瓶子里的囚徒，变成了渔民的猎物，变成了人类餐桌上的美味。

顿悟
洒脱的智慧

是什么囚禁了章鱼？是瓶子吗？不，囚禁了章鱼的是它们自己。它们固定了思维模式，总喜欢向着最狭窄的地方走，不管走进了一个多么黑暗的地方，缝隙多么小的地方，结果将自己送上了"绝路"。

现实生活中，许多人的思想也如同钻进瓶子里的章鱼一样，最终囚禁了自己。在遇到苦恼、烦闷、失意时，也一味地喜欢往"瓶子"里挤，往牛角尖里钻，结果越想烦恼的事情就越生气，越生气自我感觉就越不好，使自己的视野变得越来越狭窄，思想也越来越失去智慧和光泽。

现在，你是否身陷困惑与烦恼呢？有解决的办法吗？有！

当进入"山重水复疑无路"的特定时期时，假如我们能够不钻牛角尖，打破传统的思维，多一点创造性思维，该转弯时就转弯，那么问题往往便可迎刃而解，出现"柳暗花明又一村"的景象。许多事情也都能变不可能为可能，甚至能变坏事为好事，如此也就没有什么烦恼可言了。

摩诃是德国西部某小镇上的一个农民，他看上了一片

第四辑
做快活的人，拣尽韶华又是花

售价很低的农场，但是当他真正买下那片农场后才发现自己上当了。因为那块地既不能够种植庄稼和水果，也不能够养殖，能够在那片土地上生长的只有响尾蛇。

面对这样的事情，很多人都替摩诃惋惜，不过摩诃没有气急败坏，因为他知道生气也没有用，不如想想办法，把那些"坏东西"变成一种资产！很快，他就发现一条好的出路，所有的人都认为他的想法不可思议，因为他要把响尾蛇做成罐头。之后，装着响尾蛇肉的罐头被送到世界各地的顾客手里，他还将从响尾蛇肚中所取出来的蛇毒运送到各大药厂去做血清，而响尾蛇皮则以很高的价钱卖出去做鞋子和皮包，总之，响尾蛇身上的所有东西一下子在他手上都成了不可多得的宝贝。

出人意料的是，摩诃的生意做得越来越大，这让很多人刮目相看。摩诃成了当地的名人，也成了当地人争相学习的楷模。现在，这个村子已经成了旅游景区，每年去摩诃响尾蛇农场参观的游客差不多就有上万人。

买下一块不能够种植，也不能够养殖的农场，对任何一个人来说都是一件糟糕的、无可救药的事。值得庆幸地

顿悟
洒脱的智慧

是，摩诃并没有死钻牛角尖，非要按常规经营；也没有一味地生气抱怨，而是想到如何从这种不幸中脱离出来，于是真的改变了自己的命运。这是奇迹吗？是奇迹，但也是必然。

在生活和工作中有许多问题很难用直接求解的方法得出答案，这时不要凡事都幻想着走直线，不如在理性分析的基础上独树一帜，适时地变通一下，换个角度思考问题，该转弯时就绕绕道。曲中有直，直中有曲，这是辩证法的真谛，如此才能真正地"运筹帷幄之中，决胜千里之外"。

为此，我们应该学一学水的智慧。你看，河流行经之地总有各种的阻隔，高山、峻岭、沟壑、峭壁，但是水到了它们跟前，并不是一味地一头冲过去，而是很快调整方向，避开一道道障碍，重新开创一条路。正因为此，它最终抵达了遥远的大海，也缔造了蜿蜒曲折、百转迂回的自然之美。

有这样一个真实的故事曾广为流传。

有这样一位年轻人，他是德国一所著名大学的计算机系的博士毕业生。毕业后，他想在国内找一份理想的工作。

可是，由于他的起点高、要求高，结果连续找了好几家大公司，都没有录用他。思来想去，年轻人决定收起所有的学位证明，以最低身份求职，他拿着自己的高中毕业证前去寻找工作，并声称自己只想在工作岗位上锻炼自己，学习学习，哪怕不给工资也愿意做。

不久，年轻人就被一家大企业聘为程序录入员。程序录入员是计算机的基础工作，对他来说小菜一碟，但他干得一丝不苟。看出程序中的错误时，他向老板提了出来。老板看他非一般的程序录入员可比，对他自然多了一份欣赏，同时也很好奇。这时，年轻人亮出了自己的学士证，于是老板给他换了个与大学毕业生对口的工作。又过了一段时间，老板发觉在这个工作岗位上，他还是比别人做得更优秀，就约他详谈，此时他才拿出了博士证。

老板对年轻人的水平已经有了全面的认识，佩服他能够踏踏实实地做好每一项工作，便毫不犹豫地重用了他。

面对棘手的问题时，这个年轻人并没有消极地逃避或搁置问题，而是保持冷静的头脑，适时地变通了一下，结果找到了好工作。这个故事又一次验证了：遇事不钻牛角

顿悟
洒脱的智慧

尖,不站在原地自怨自艾,才能寻找到解决问题的好办法。

在山穷水尽的时候,不钻牛角尖,该转弯时就转弯,在迈出困境的同时,也许就获得了"柳暗花明又一村"的改变。如此我们也就会少一些郁闷,多一些开心;少一些烦恼,多一些幸福,人也舒坦,心也舒坦。什么难题在你这里都不再是问题。人生如此,该是何等的洒脱、何等的惬意。